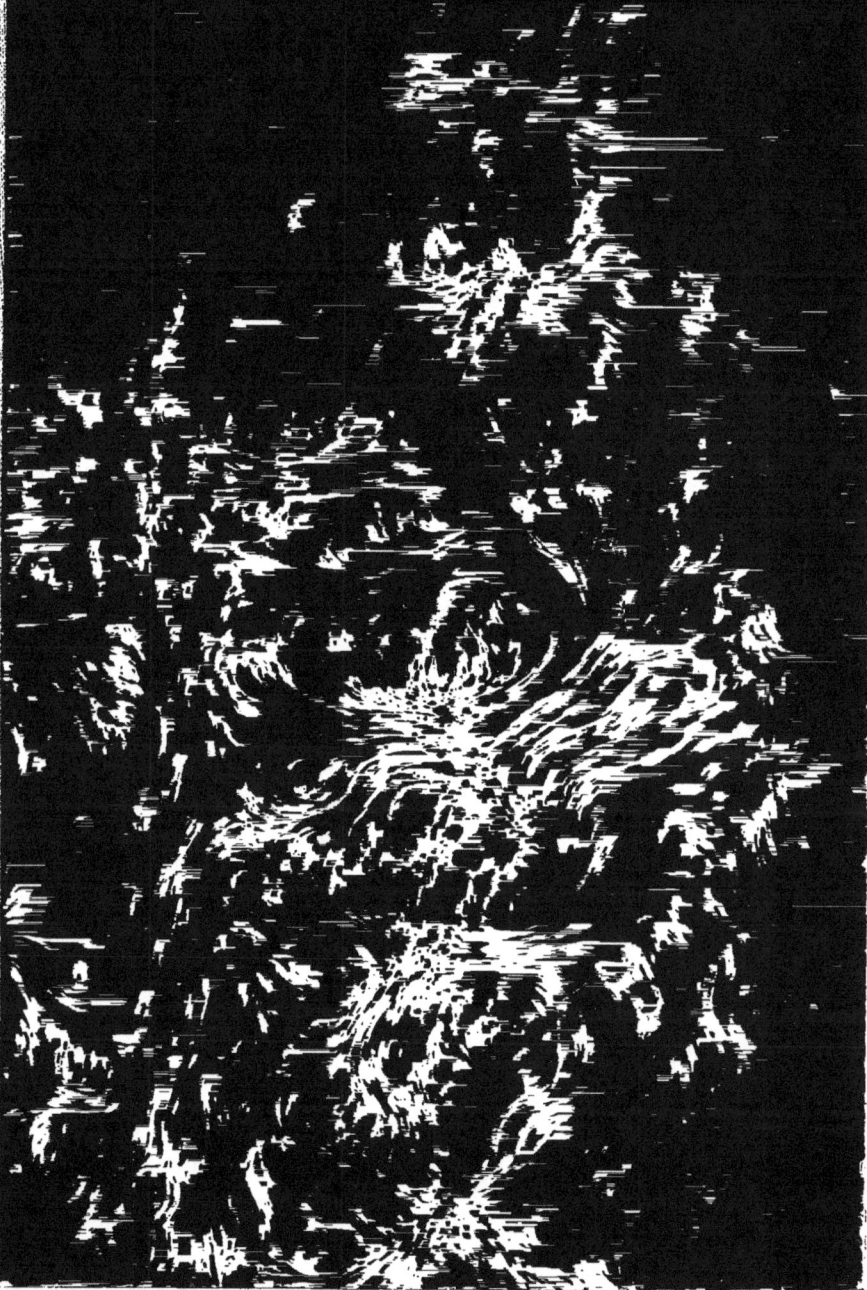

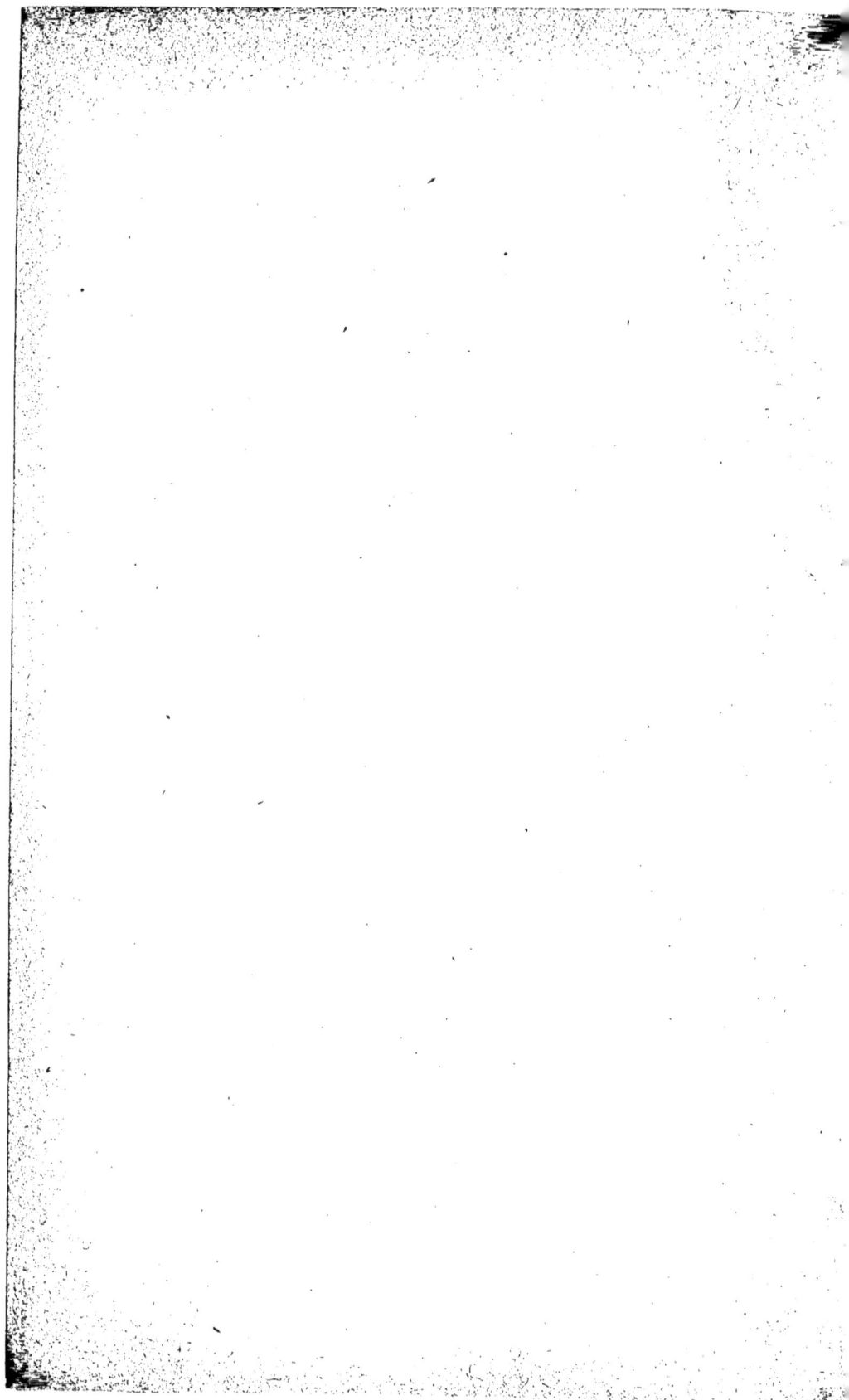

NOTE

SUR DES

FOSSILES NOUVEAUX

RARES OU PEU CONNUS

DE L'EST DE LA FRANCE

PAR

Paul PETITCLERC

MEMBRE DE LA SOCIÉTÉ GÉOLOGIQUE DE FRANCE

SUIVIE D'ÉTUDES :

1° Sur le groupe des *Peltoceras Toucasi* et *Transversarium ;*
2° Sur l'*Ammonites Fraasi* et quelques *Reineckeia* d'Authoison (Haute-Saône).

PAR

Albert DE GROSSOUVRE

INGÉNIEUR EN CHEF DES MINES, CORRESPONDANT DE L'INSTITUT

Avec 11 Planches de Fossiles

VESOUL

(Haute-Saône)

—

1916-1917

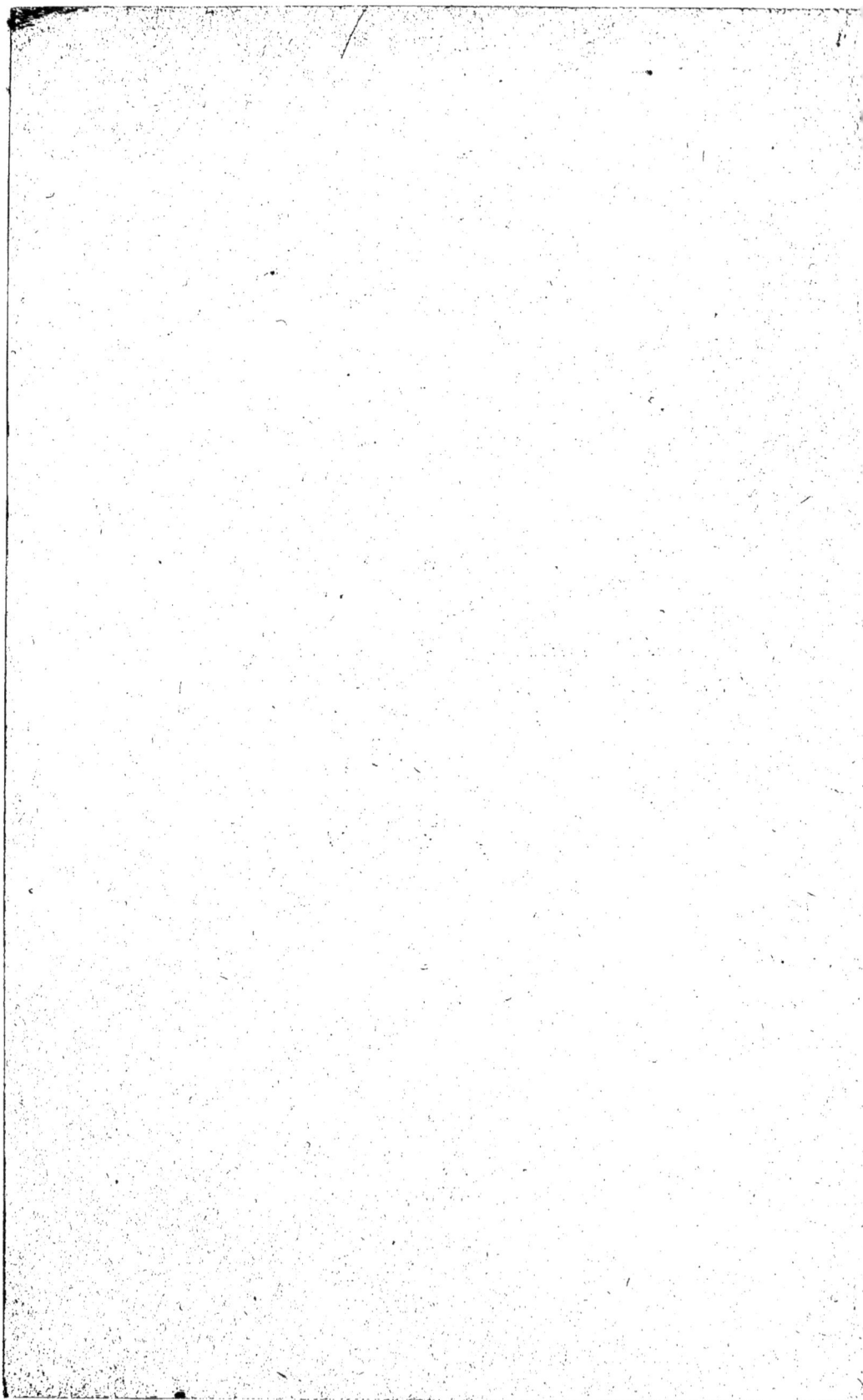

NOTE

SUR DES

FOSSILES NOUVEAUX

RARES OU PEU CONNUS

DE L'EST DE LA FRANCE

PAR

Paul PETITCLERC

MEMBRE DE LA SOCIÉTÉ GÉOLOGIQUE DE FRANCE

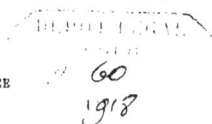

SUIVIE D'ÉTUDES :

1° Sur le groupe des *Peltoceras Toucasi* et *Transversarium ;*
2° Sur l'*Ammonites Fraasi* et quelques *Reineckeia* d'Authoison (Haute-Saône).

PAR

Albert DE GROSSOUVRE

INGÉNIEUR EN CHEF DES MINES, CORRESPONDANT DE L'INSTITUT

Avec 11 Planches de Fossiles

VESOUL

(Haute-Saône)

—

1916-1917

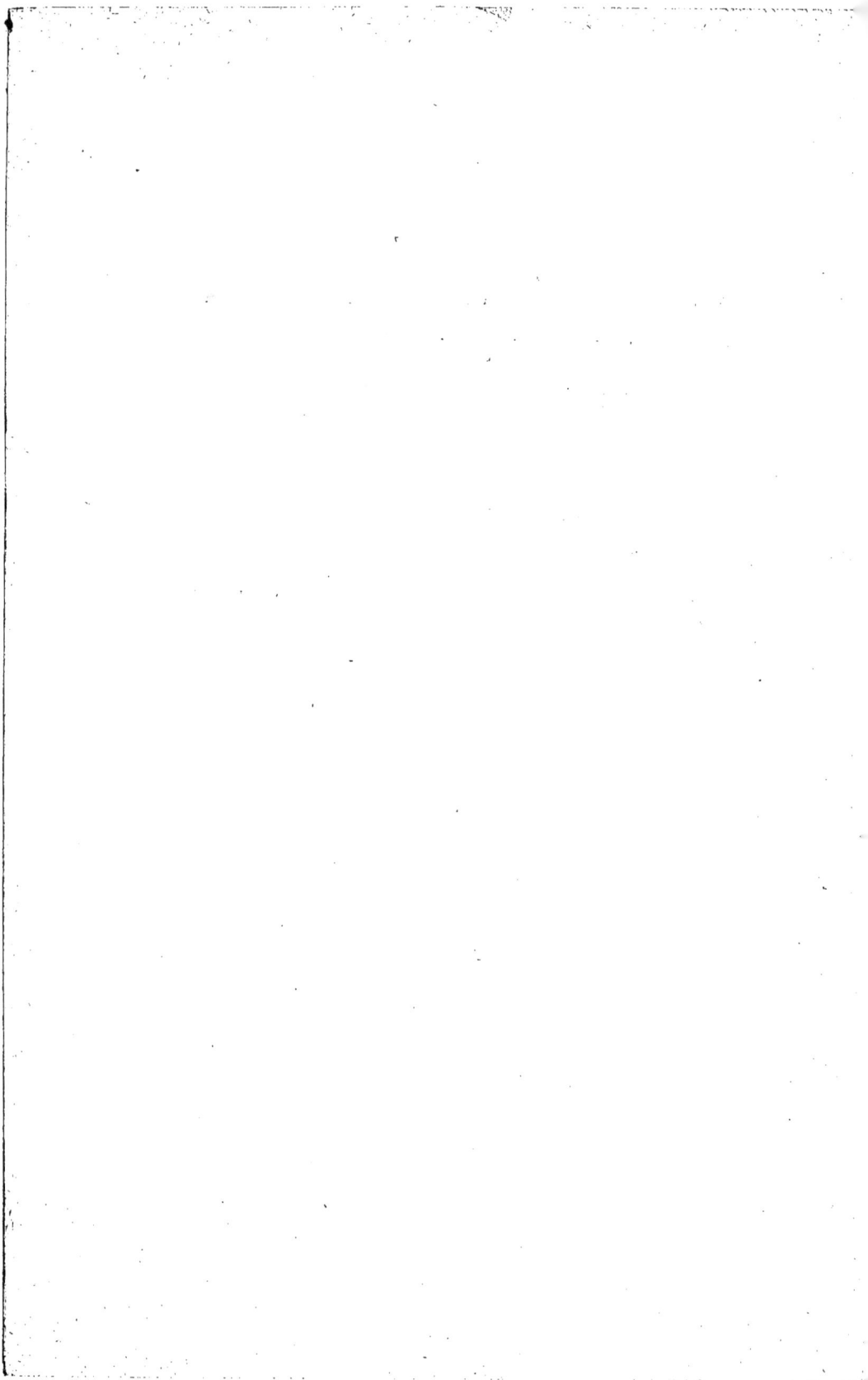

NOTE

SUR DES

FOSSILES NOUVEAUX RARES OU PEU CONNUS
DE L'EST DE LA FRANCE

Par Paul PETITCLERC
Membre de la Société géologique de France

Suivie d'Études : 1° Sur le groupe des *Peltoceras Toucasi* et
Transversarium ;
2° Sur l'*Ammonites Fraasi* et quelques *Reineckeia* d'Authoison
(Haute-Saône).

Par Albert de GROSSOUVRE
Ingénieur en chef des Mines, Correspondant de l'Institut

INTRODUCTION

EN révisant les matériaux recueillis à différentes époques par des
personnes de ma connaissance et par moi-même dans l'Oxfordien du Doubs et de la Haute-Saône, je me suis aperçu que plusieurs
Ammonites, laissées de côté jusqu'alors pour un supplément d'exa-
men, présentaient des caractères bien différents des formes habituelles
déjà décrites et me semblaient par conséquent nouvelles et dignes
d'être connues et figurées.

Ce sont ces petites Ammonites peu nombreuses, du reste, que je
vais passer en revue.

Toutefois, avant de les énumérer, je veux signaler une Térébratule,
de la couche à *Gryphæa arcuata* des environs de Vesoul, qui a été
déterminée autrefois par M. H. Haas, mais n'avait jamais été décrite,
ni figurée.

Pour donner un peu plus d'intérêt à ma Note, j'ai cru devoir la faire
suivre de la description de quelques sortes d'Ammonites considérées
comme rares ou peu connues de nos régions de l'Est.

Vesoul, 15 septembre 1916.

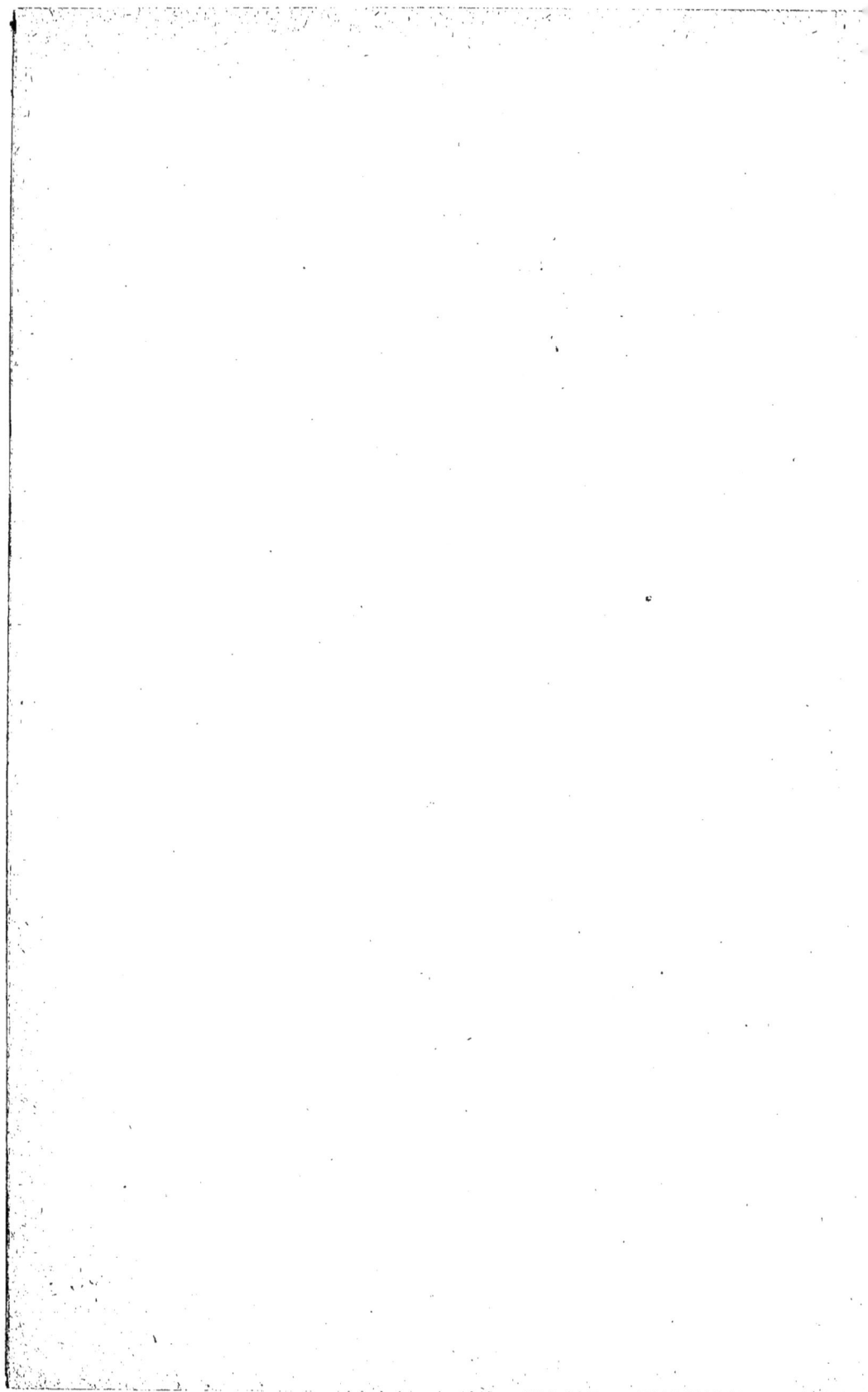

PREMIÈRE PARTIE

Description d'une Térébratule nouvelle du Sinémurien et de cinq espèces d'Ammonites également nouvelles, de l'Oxfordien du Doubs et de la Haute-Saône [1].

SINÉMURIEN

N° 1. — Terebratula Auxonensis Haas, nov. sp.

Pl. ɪ, fig. 1, 2, 3.

DIMENSIONS PRINCIPALES

	I	II
Longueur	45 $^{m/m}$	35 $^{m/m}$
Largeur	38 »	30 »
Epaisseur	25 »	20 »

Diagnose succincte.

Coquille ovalaire, plus longue que large, renflée vers les crochets, couverte de nombreuses stries d'accroissement, assez régulièrement espacées et fortes ; valves convexes, sans méplat ; commissure latérale des valves très légèrement courbe, commissure palléale horizontale ; crochet de la grande valve régulièrement recourbé ; foramen assez grand, arrondi. Couleur d'un bleu très foncé.

Rapports et différences.

Sans entrer dans de trop longs détails sur la ressemblance plus ou moins grande pouvant exister entre *T. auxonensis* et certaines espèces déjà connues, on peut dire que les *T. punctata* Sow., et *T. subpunctata* Davids., ont une forme beaucoup plus allongée, tout en ayant certains caractères communs [2].

---

[1] L'une de ces Ammonites est toutefois une variété d'une forme déjà décrite.

[2] SOWERBY. 1812. Mineral Conch., vol. I, p. 46, Tab. XV, fig. 4. London.

DAVIDSON. 1851. A Monogr. of British Oolit and Lias. Brachiop., part. III, p 46, n° 42, Pl. vɪ, fig. 7, 9, 10. London.

DESLONGCHAMPS. 1862. Pal. false, Terr. jurass., p. 160-165, fig. 1-9, et p. 165-167, Pl. 39, fig. 1-7 ; Pl. 43, fig. 4, Paris.

M. A. De Grossouvre pense que l'espèce d'Auxon est une variété de *T. subpunctata* : Deslonchamps considérait cette dernière comme une variété de *T. punctata*.

Localité : Auxon (Haute-Saône), deux échantillons bien conservés, de taille un peu différente et de couleur d'un bleu très foncé, recueillis dans des blocs calcaires du Sinémurien provenant d'une carrière, aujourd'hui comblée, ayant appartenue à M. Hansberg, maire de ladite localité où la *Gryphæa arcuata* est excessivement abondante. Ma collection.

OXFORDIEN INFÉRIEUR

(Couches à *Creniceras Renggeri*)

N° 2. — Aspidoceras Cailleti, nov. sp. [1].

Pl. i, fig. 4 à 6.

DIMENSIONS

Diamètre total	25 $^{m}/^{m}$
Hauteur du dernier tour . . .	0,36
Epaisseur du dernier tour . .	0,32
Diamètre de l'ombilic	0,40

Coquille de petite taille, assez largement ombiliquée. Spire formée de tours à peine plus élevés qu'épais, croissant lentement, très peu convexes sur les flancs, ornés de 15 côtes transverses, droites, avec traces par endroits de côtes intercalaires.

Les premières, après leur sortie de l'ombilic, se relèvent un peu vers la moitié des tours, en formant une sorte de petite nodosité, puis s'abaissent légèrement et s'épaississent progressivement, déterminant sur l'extrême bord externe des tubercules arrondis à leur base, allongés, assez pointus et également distants.

Région siphonale méplate et paraissant lisse ; section des tours

---

[1] Cette espèce est dédiée à M. Emmanuel Caillet, un jeune Ingénieur des Mines de notre ville ; il a eu l'heureuse idée et la patience de réunir, pendant ses voyages d'étude, de fort belles séries de fossiles qui constituent dès à présent une collection très enviable.

Note ajoutée pendant l'impression.

Il m'est pénible d'annoncer que notre jeune Ingénieur, qui remplissait en Orient les fonctions de capitaine-mitrailleur, dans un régiment d'Infanterie, était tombé glorieusement, face à l'ennemi, le 20 mars 1917, pendant un engagement au Nord de Monastir.

Sa perte a été vivement ressentie par sa famille, ses compagnons d'armes, ses nombreux amis et tout particulièrement par moi-même.

presque carrée, non échancrée par le retour de la spire ; ombilic bien ouvert, très peu profond, laissant voir plusieurs tours intérieurs. Ligne suturale imparfaitement visible ; on ne distingue guère que le lobe latéral supérieur : il est assez long et large et comprend trois branches, à peine ramifiées, dont la médiane est plus grande.

Rapports et différences.

Asp. Cailleti est bien différent des *A. perarmatum* D'Orb, [1] et *Perisphinctes perisphinctoides* Sinzow, var. *armata* P. De Loriol [2].

Je vais résumer en quelques lignes les caractères qui empêchent de les confondre.

Asp. perarmatum a une forme plus épaisse, des côtes intercalaires sur les flancs, deux rangées de tubercules (au lieu d'une seule) ; une région siphonale assez convexe, un ombilic plus profond.

Per. perisphinctoides var. *armata* a des côtes principales plus ou moins arquées en arrière, et, en outre, des côtes intercalaires assez nombreuses : les premières se divisent en plusieurs branches secondaires vers le tiers externe de la hauteur du tour. Leur réunion près du pourtour externe produit des tubercules spiniformes assez semblables à ceux des *Aspidoceras*.

L'ombilic, plus profond que celui de l'*Asp. Cailleti*, a son pourtour très arrondi ; la section des tours est légèrement échancrée par le retour de la spire.

Am. corona Quenstedt [3], assez analogue à notre espèce au premier abord (la coquille étant vue sur l'un des côtés, comme l'indique la lettre S, Pl. 1), en diffère par ses tours beaucoup plus larges que hauts, par ses côtes plus nombreuses et plus serrées, par son ombilic plus profond ; quant à la section des tours, elle est transverse, déprimée et forme un angle bien prononcé de chaque côté (se reporter à la lettre P de la même planche).

Loc. Tarcenay (Doubs), ravins marneux à l'entrée du village, sur le

[1] D'ORBIGNY. 1842-49. Pal. faiso, Terr. jurass., t. I, p. 498, Pl. 184 et 185, fig. 1-3. Paris.

[2] P. DE LORIOL. 1900. Et. sur les Moll. et Brach. du Jura Lédonien, p. 84, Pl. V, fig. 23 spécialement (Mém. de la Soc. pal. suisse, vol. XXVII). Genève.

NOTA. — Cette fig. 23 du *Per. perisphinctoides* var. *armata* a été reproduite dans ma Pl. 1, fig. 7, pour faire voir qu'il n'existe aucune affinité entre cette variété et *Asp. Cailleti*.

[3] QUENSTEDT. 1849. Cephalopoden, p. 178, Tab. 14, fig. 3. Tübingen.

QUENSTEDT. 1858. Der Jura, p. 617, Tab. 76, fig. 10 Tübingen.

QUENSTEDT. 1887-88. Die Amm. des Schwäb. Jura, Bd. III, p. 878, Tab. 94, fig. 48s. Stuttgart.

versant sud de la colline du Grand-Mont : un seul exemplaire pyriteux, en assez bon état de conservation, de la partie moyenne du gisement dont la distinction des zones n'a pas encore été faite sur place. Ma collection.

Un autre échantillon fragmenté, également pyriteux, de la petite station de Montaigu, près de Scey-sur-Saône (Haute-Saône), sans pouvoir en préciser le niveau. Ma collection.

Cette station, située à 2 kilomètres environ (N.-O.) du bourg de Scey-sur-Saône et à une faible distance de la route départementale N° 3, de Besançon à Neufchâteau, a fourni une quantité incroyable de fossiles oxfordiens très variés ; depuis fort longtemps, elle a été plantée en bois, en sorte que toute recherche fructueuse y est désormais impossible.

Dans une note parue en 1886, dans le Bulletin de la Société d'agriculture, belles lettres, sciences et arts de la Haute-Saône, j'ai donné une liste des espèces que j'avais rencontrées dans cet intéressant gisement.

N° 3. — Trimarginites Girardoti nov. sp. [1].

Pl. i, fig. 8, 9, 10 ; Pl. iii, fig. 8.

DIMENSIONS

Diamètre	26 $^{m/m}$
Hauteur	0,46
Epaisseur	0,21
Ombilic	0,23

Coquille discoïdale, comprimée, tricarénée ; spire composée de tours assez élevés, peu épais, très légèrement convexes sur les flancs qui se trouvent divisés en deux parties par une ligne spirale peu apparente, plus rapprochée de l'ombilic que du pourtour externe.

[1] Le genre Trimarginites a été établi par M. le Dr L. Rollier pour représenter certaines formes d'Ammonites calloviennes et oxfordiennes dont les côtes sont faibles, souvent presque effacées sur toute la coquille fortement aplatie ; le siphon est accompagné de deux sillons ou de trois carènes.

Voir, à ce sujet, les travaux suivants de l'auteur :

1° Phyllogénie des principaux genres d'Ammonoïdes de l'Oolithique (Dogger) et de l'Oxfordien, p. 3 et 12 (Arch. des sciences physiques et naturelles, 4e période, t. XXVIII). Genève, 1909.

2° Les faciès du Dogger ou Oolithique dans le Jura et les régions voisines p. 309. Zurich, 1911.

3° Sur quelques Ammonoïdes jurassiques et leur dimorphisme sexuel (Arch. des sciences physiques et naturelles, 4e période, t. XXXV). Genève, 1913.

L'ornementation est formée de nombreux plis d'accroissement falciformes, assez faiblement marqués sur la première moitié interne,
plus visibles sur la deuxième partie externe.

La région siphonale porte une quille médiane très tranchante,
nettement détachée par deux sillons qui déterminent deux carènes
latérales moins saillantes que la quille médiane (Pl. ɪ, fig. 10,
grossie).

Dans la gouttière, de chaque côté de cette quille, on aperçoit de
petits plis rejetés en arrière et dessinant un chevron.

La section du dernier tour est comprimée sur les flancs, oblongue,
assez échancrée par le retour de la spire ; l'ombilic, plutôt étroit, est
peu profond ; la paroi suturale peu élevée dans les tours intérieurs :
dans le dernier, au contraire, elle forme avec les flancs un angle droit
très légèrement arrondi.

La ligne suturale est assez compliquée et difficile à débrouiller ; on
remarque toutefois que le lobe siphonal est large, peu élevé et pourvu
de trois branches courtes, peu divergentes, la médiane dépassant les
deux autres ; que le lobe latéral supérieur est beaucoup plus long,
mais moins large et se termine par trois rameaux assez grands, dotés
eux-mêmes de trois petites digitations. Quant au lobe latéral inférieur,
il est plus court que le précédent. Les lobes auxiliaires sont au
nombre de deux : l'avant-dernier, seul, porte trois petits pétioles. Les
selles sont courtes et peu discernables.

Rapports et différences.

T. Girardoti (si le genre *Trimarginites* est bien celui qui lui convient) a un peu la forme d'une *Ludwigia* : comme *L. Delemontana*
Oppel [1], ou encore *L. rauraca* Mayer [2] ; il s'en distingue toutefois
nettement par le plus grand aplatissement de ses flancs, par son ornementation sensiblement plus fine, plus serrée, moins saillante et
surtout par ses trois carènes très accusées et caractéristiques.

Je ne vois rien de semblable dans les collections que j'ai visitées et
les ouvrages que j'ai consultés.

Le Dʳ Rollier, dans sa Notice de 1913 (loc. cit.), a bien mentionné et
figuré un *Trimarginites Villersi* Rollier, sp. nov., de l'Oxfordien
moyen pyriteux de Villers-sous-Montrond (Doubs), p. 283, fig. 10-11 ;
mais celui-ci a la région siphonale disposée en simple biseau obtus,
flanqué de chaque côté d'un léger sillon. De plus, la coquille ne porte

[1] OPPEL. 1863. Ueb. jurass. Cephalopoden (*Ammonites*), p. 194, Tab. 54,
fig. 3 (Palæont. Mittheil., v. 2). Stuttgart.
[2] MAYER. 1864. Descr. de Coquilles fossiles des Terr. jurass., p. 376, Pl.
vɪɪ. fig. 4 (Journal de Conchyliologie, vol. XV). Paris.

que de rares côtes falciformes, plus ou moins apparentes, etc. [1].
Aucune confusion n'est donc possible entre ces deux *Trimarginites*.

Loc. Villers-sous-Montrond, marnières de l'ancienne tuilerie, zone
à *Quenstedticeras Lamberti* : un seul exemplaire pyriteux, bien conservé. Ma collection.

NOTA. — Rien ne m'est plus agréable que de choisir pour parrain de
cette nouvelle espèce M. le Dr Albert Girardot, de Besançon, qui a
consacré la plus grande partie de son temps à des études géologiques
fort importantes.

Je lui dois bien des remerciements pour les précieux renseigne-
ments qu'il a eu l'obligeance de me fournir, à une époque déjà éloi-
gnée, sur la constitution géologique des environs de Besançon ; je lui
sais infiniment gré aussi de m'avoir fait don de plusieurs ouvrages
qui ont grandement facilité mes recherches dans nombre de gisements
saônois.

N° 4. — Oxycerites Millischeri nov. sp. [2].

Pl. I, fig. 11, 11', 11" et 12.

DIMENSIONS

Diamètre	22 m/m	18 m/m
Hauteur	0,54	0.55
Epaisseur {La plus grande, prise à l'endroit où se produit un ressaut déterminé par l'arrêt brusque du méplat	0,18	0,19
Ombilic	0,13	0,16

Coquille petite, discoïdale, très comprimée, caractérisée par un
méplat qui, partant de l'ombilic, occupe un peu plus de la moitié
interne des flancs.

[1] *T. Villersi* Rollier a une forme différente de celle de *Oppelia Viller-
sensis* D'Orb.
Pour l'étude complète de cet *Oppeliidé*, consulter la *Palæontologia univer-
salis*, fiche 53, de R. Douvillé, ainsi que le Mémoire du même auteur : *Oppe-
liidés de Dives et Villers-sur-Mer*, p. 13, Pl. II, fig. 15-16, présenté à la séance
de la Société géologique de France, le 3 juin 1912.
[2] Pour le groupe un peu spécial, dont fait partie l'*Am. Millischeri*,
M. Rollier a proposé, en 1909, le nom d'*Oxycerites*, ainsi qu'il en est question dans ses deux Notices de 1909, p. 11, et 1913, p. 277 (loc. cit.).
On trouvera des détails très circonstanciés sur le genre *Oxycerites* dans
son beau Mémoire sur les « Faciès du Dogger » (loc. cit.). p. 303.

Les tours très élevés croissent rapidement, le dernier est marqué de fines costules falciformes, difficilement perceptibles sur le méplat ; elles s'accentuent cependant et s'élargissent progressivement jusqu'au moment où, franchissant le ressaut dont il vient d'être parlé, elles atteignent l'extrême bord externe.

La région siphonale est très amincie et paraît porter une très légère quille, bien que la coquille présente une certaine usure à cet endroit.

L'ombilic est très étroit, néanmoins on peut apercevoir plusieurs tours intérieurs ; son pourtour est légèrement arrondi, mais la paroi est abrupte.

La section des tours, assez échancrée par le retour de la spire, est lancéolée ; la ligne suturale, peu visible et incertaine, ne peut être analysée.

Rapports et différences.

Oxycerites Millischeri ne saurait être confondu avec *Am. mirabilis* A. De Grossouvre, ni avec *Am. Petitclerci* du même auteur [1], bien que ces deux Ammonites présentent quelques points communs avec notre nouvelle espèce.

Avant de m'étendre sur les différences, je dois ajouter que M. le Dr Rollier a compris *Am. mirabilis* et *Petitclerci*, avec plusieurs autres (*Am. Gümbeli*, Oppel, etc.), dans les *Oxycerites* ; seulement, pour ces sortes d'Ammonites, il a créé un genre nouveau : les *Petitclercia* [2].

Comme ce genre ne me paraît pas avoir été adopté par l'ensemble du monde savant, j'ai cru devoir ne pas l'employer dans la circonstance présente, pour ne pas compliquer outre mesure la classification des Céphalopodes.

Am. mirabilis (Pl. I, fig. 13) possède deux surfaces planes parallèles au lieu d'une seule ; des tours moins embrassants, moins recouverts ; une ornementation tout autre, un ombilic plus ouvert, un biseau plus aigu. C'est, du reste, une forme qui n'a encore été rencontrée que dans le Callovien de la Vendée, par M. C. Chartron, de Luçon [3].

Am. Petitclerci (Pl. I, fig. 14) a bien une partie plane sur les flancs, seulement le ressaut résultant de la diminution d'épaisseur de la coquille près du pourtour externe est beaucoup plus marqué. En outre, sur l'arête de ce ressaut, on constate une première série de

[1] A. DE GROSSOUVRE. 1891. Sur le Callovien de l'O. de la France et sa faune, p. 258 et 259, Pl. IX, fig. 2,3 et 4,5 (Bull. de la Soc. géol. de France, IIIe série, t. XIX). Paris.

[2] Dr ROLLIER. 1909. Arch., etc. (loc. cit.), p. 11 ; et 1913, p. 277.

[3] Je saisis cette occasion pour remercier une fois de plus M. Chartron de m'avoir fait don d'un bon fragment de cette jolie et rare Ammonite.

petits tubercules assez arrondis ; puis sur le bord externe, une deuxième série de tubercules allongés, plus nombreux, également distants, etc. Les tours présentent enfin une plus grande épaisseur ; la région siphonale n'offre pas de quille et l'ombilic est extrêmement réduit.

Il est superflu de dire que *Ox. Millischeri* ne peut être pris pour le jeune de l'*Am. Fromenteli* Coquand [1], qui n'a pas de méplat sur les flancs et occupe un niveau plus élevé dans la série des couches à *Cr. Renggeri*, comme je l'ai exposé, en 1906, dans une courte note lue au Congrès de l'Association Franc-Comtoise qui tenait ses assises à Vesoul [2]. Pour dissiper toute erreur, j'ai pris le soin de représenter, Pl. 1, fig. 15, en regard de mon meilleur échantillon d'*Ox. Millischeri*, un sujet jeune et très bien conservé d'*Am. (Oxycerites) Fromenteli*. On pourra ainsi se rendre compte qu'entre ces deux Ammonites il existe des différences sensibles.

Je dédie ce nouvel *Oxycerites* à mon aimable voisin et ami, M. Jules Millischer, Inspecteur des Eaux et Forêts, dont les talents artistiques de sculpteur sur bois font l'admiration des connaisseurs.

Loc. Eternoz (Doubs) : 2 échantillons pyriteux provenant de la base des c. à *Cr. Renggeri*, qui forment une ceinture presque ininterrompue autour de ce village dont l'accès a été rendu plus facile, par suite de la construction assez récente d'une ligne de tramway allant de Besançon à Amathay-Vésigneux. Ma collection.

N° 5. — Peltoceras Lorioli, nov. sp., A. De Grossouvre.

Pl. 1, fig. 16, 17, 18.

Il s'agit ici d'une très intéressante espèce (dédiée à feu le doyen des paléontologistes suisses) qui a été reconnue par R. Douvillé et son ami M. A. De Grossouvre, comme appartenant, sans aucun doute possible, à un *Peltoceras* nouveau.

La coquille est petite, un peu globuliforme, assez étroitement ombiliquée et ornée de côtes saillantes fortement renversées en arrière ; elle sera décrite plus loin avec d'autres *Peltoceras* dans un article spécial ayant pour titre :

« Etude sur le groupe des *Peltoceras Toucasi* et *transversarium* ».

Cette Etude, élaborée avec beaucoup de soin par M. A. De Grossouvre est destinée à faire cesser l'incertitude qui régnait depuis si long-

[1] D' ROLLIER. 1913. Arch. des sciences physiques et nat. de Genève (loc. cit.), p. 282, fig. 7-9.
[2] P. PETITCLERC. Du niveau de quelques Ammonites oxfordiennes à Malbrans (Doubs), p. 8.

temps sur un groupe important d'Ammonites que l'on ne connaissait que de l'Oxfordien supérieur.

P. *Lorioli* est rare dans l'Oxfordien inférieur (couches à *Cr. Renggeri*); malgré de très actives recherches, je n'en ai encore récolté que trois échantillons : un à Arc-sous-Montenot; un à Epeugney; un à Villers-sous-Montrond (ces trois localités du Doubs).

De son côté, M. A. De Grossouvre a découvert un sujet de la même espèce à Reynel (Haute-Marne), dans le même horizon.

N° 6. — Quenstedticeras Brasili, R. Douvillé, var. Bertrandi nov.

Pl. II, fig. 1 à 4.

Synonymie :

1912 *Quenstedticeras Henrici* var. *Brasili* R. Douvillé (pars). Et. sur les *Cardiocèratidès* de Dives, etc., p. 56, Pl. IV, fig. 1-9 (Mém. de la Soc. géol. de France, t. XIX, fasc. 2, n° 45). Paris.

DIMENSIONS

	I	II
Diamètre	57 m/m	58 m/m
Hauteur	0,47	0,46
Epaisseur	0,28	0,29
Ombilic	0,24	0,24

Coquille discoïdale, comprimée, non carénée; spire formée de tours beaucoup plus élevés que larges, recouverts sur les deux tiers de la hauteur et ayant leur plus grande épaisseur vers le milieu des flancs, celle-ci décroissant graduellement; en sorte que la région externe (à son extrémité) se trouve assez amincie et comme pincée. Côtes nombreuses, au nombre de 20 à 25 sur le dernier tour[1], bien apparentes, plus ou moins saillantes et un peu arrondies, s'infléchissent en avant dès leur sortie de l'ombilic, se bifurquent ou se trifurquent (cas le plus rare), à des distances très variables du bord ombilical, et continuent à s'arquer de plus en plus, jusque sur la région siphonale où a lieu leur réunion : elles y forment un chevron bien accusé (Pl. II, fig. 3).

Section des tours lancéolée, légèrement anguleuse en dessus, très échancrée par le retour de la spire; ombilic assez étroit, profond, où

[1] L'échantillon I compte 25 côtes, tandis que II en porte seulement 20, plus fortes et plus saillantes.

l'on distingue plusieurs tours intérieurs garnis de côtes n'accusant encore aucune bifurcation ; pourtour à peine arrondi, paroi élevée et verticale.

Ligne suturale parfaitement observable, grâce au relevé très exact qu'en a fait M. le Dr Rollier : elle est assez divisée, sans être profondément incisée. Lobe siphonal plus large, mais plus court que le lobe latéral supérieur et terminé, sur les côtés, par deux branches assez divergentes dont l'inférieure plus longue : selle ventrale, très large à la base ; lobe latéral supérieur assez étroit, orné de rameaux digités : celui du milieu plus long et trifurqué ; première selle latérale plus large que les suivantes, formée de trois feuilles : la médiane dépassant un peu les deux autres ; lobe latéral inférieur plus court et moins digité que le précédent ; deuxième selle latérale présentant la même disposition que la première, mais moins haute ; deux lobes auxiliaires très inégaux, dont le plus petit dans la paroi ombilicale ; la troisième selle divisée en deux parties à peu près égales par un petit lobe accessoire ; la quatrième et dernière décroît régulièrement jusqu'à l'ombilic où l'on n'en voit qu'une partie.

La ligne radiale, en partant de l'extrémité du lobe siphonal, coupe la pointe des lobes siphonal, latéral et inférieur, et passe sous les lobes auxiliaires.

Rapports et différences.

Q. Brasili var. *Bertrandi*, tel que je viens de l'exposer, a un rapport indéniable avec *Q. Henrici*, var. *Brasili* R. Douvillé ; il en diffère néanmoins :

1° Par des côtes moins nombreuses, moins fines, moins serrées, assez irrégulièrement bifurquées et quelquefois même trifurquées ;

2° Par des tours plus recouverts ;

3° Par une plus grande épaisseur des tours ;

4° Par des cloisons un peu plus découpées.

On ne peut confondre notre variété de *Quenstedticeras* avec celles que R. Douvillé a représentées avec tant de soin et d'exactitude dans la Pl. IV de son Mémoire sur les *Cardiocératidès*.

Je ne puis indiquer quel est le degré de fréquence de cette variété, car je n'ai pas eu, à cause de l'état de guerre qui a obligé plusieurs de mes amis à se rendre sur le front, la possibilité de consulter leurs collections. Pour le moment, je ne connais guère que trois échantillons pouvant se rapporter avec certitude à *Q. Brasili* var. *Bertrandi* : j'en ai laissé de côté deux ou trois, trop jeunes pour lui être assimilés convenablement.

Loc. Les deux échantillons pyriteux et pris pour types ont été recueillis dans les c. à *Cr. Rcnggeri* (zone à *Q. Lamberti*) : le premier

(Pl. ɪɪ, fig. 1), par moi-même, à Authoison (Haute-Saône), le jour où je fis la découverte du gisement du « Voyet », qui remonte déjà à l'année 1878 ; le deuxième (Pl. ɪɪ, fig. 2), par M. A. Bertrand, Instituteur à la Demie, près de Vesoul, lors d'une course assez récente, dans de petits ravins en bordure du chemin d'Authoison à Pennesières, où réapparaissent les marnes du « Voyet » [1].

Ce deuxième exemplaire, parfaitement conservé sur ses deux faces, diffère du premier par une costulation plus robuste.

[1] Comme M. Bertrand, aussitôt sa trouvaille faite, s'est empressé de me la communiquer pour l'étudier et ensuite de me l'offrir, je lui dédie cette nouvelle variété de *Quenstedticeras*, en le remerciant sincèrement de s'être dépouillé en faveur de mes collections.

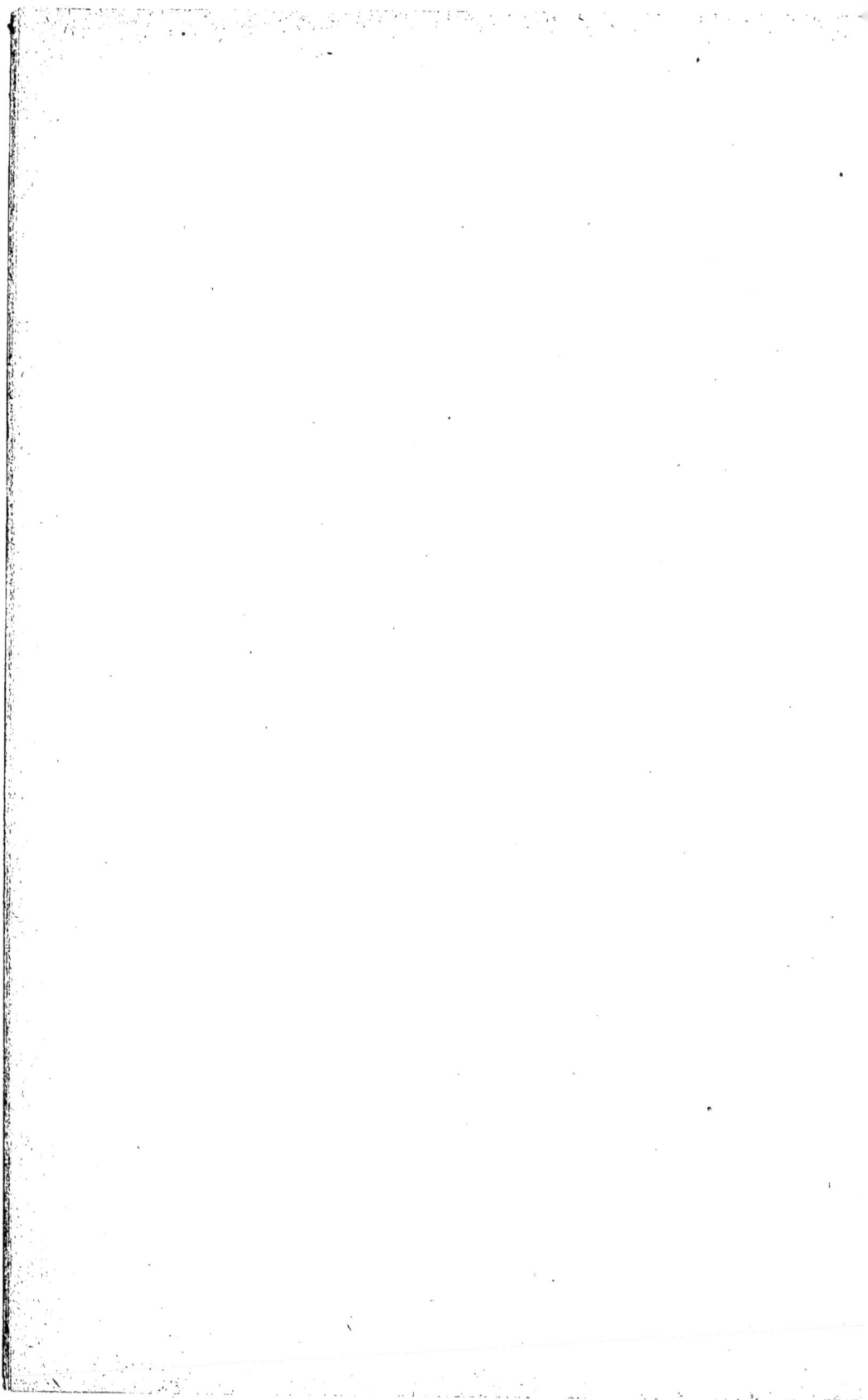

DEUXIÈME PARTIE

Espèces d'Ammonites rares ou peu connues du Doubs, de la Haute-Saône et du Jura.

SINÉMURIEN

N° 7. — Schlotheimia **Lacunata** J. Buckman sp.

Pl. ii, fig. 5 à 8.

Synonymie :

1844	*Ammonites lacunatus*	J. Buck. (in Murchison), Geol. of Chelt., New. Ed., p. 90 et 105, Pl. xi, fig. 4 et 5.
1849	— —	Qu. Cephal., p. 151, Tab. 11, fig. 13. Tübingen.
1867	— —	Dumortier. Et. paléont. sur les dépôts jurass. du Bassin du Rhône, IIᵉ partie, p. 120, Pl. xxi, fig. 18 à 20. Paris.
1882	*Ægoceras lacunatum*	Th. Wright. Monogr. on the Lias *Amm.* of the Brit. Isl., p. 330, Pl. lvi, fig. 16-18 (The palæont. Society), London.
1886	*Schlotheimia lacunata*	G. Geyer. Ub. die liass. Cephal. des Hierlatz T. Hallstatt, p. 259. Taf. III, fig. 22-23 (Abhandl. d. K. K. geol. Reichs. Bd. xii, n° 4). Wien.
1905	— —	S. S. Buckman. Som. Lias Amm. *Schlotheimia* and species of other genera, p. 244, n° 24, Pl. x, fig. 13, 14 (Proced of the Cottesw. Natur Field Club, vol. XV, part. III) Gloucester.

DIMENSIONS [1]

	I	II	III
Diamètre	17 $^{m}/m$	19 $^{m}/m$	15 $^{m}/m$
Hauteur	0,47	0,42	0,53
Epaisseur		0,37	0,46
Ombilic	0,23	0,23	0,26

Coquille, toujours de petite taille, comprimée dans son ensemble non carénée; composée de tours croissant rapidement, plus ou moins convexes sur les flancs suivant l'âge et les localités; arrondis sur la région siphonale qui est munie, en son milieu, d'un sillon étroit, assez profond, lisse, sur le bord duquel viennent s'arrêter les côtes. Celles-ci sont fortes, saillantes, assez flexueuses, plutôt un peu comprimées ou arrondies que coupantes, au nombre de 25 à 30, et séparées par des intervalles assez profonds; elles se partagent d'une manière irrégulière en deux branches, plus rarement en trois, soit assez près de l'ombilic, soit un peu plus haut.

L'ombilic est étroit, la section des tours plus ou moins ovalaire suivant les localités, assez échancrée par le retour de la spire. Rien à dire sur les cloisons trop imparfaitement conservées.

D'après Dumortier, *S. lacunata* est une des espèces les plus importantes de la zone à *Am. oxynotus*; dans notre région, cette dernière forme n'existe pas. Dans le Doubs, *S. lacunata* est associée à plusieurs espèces intéressantes, telles que : *Arietites obtusus* Sow., *Cymbites globosus* Schübl., *Aegoceras planicosta* Sow., etc.

Loc. Pusy (Haute-Saône), un seul échantillon fixé sur un bloc calcaire du Lias inférieur; cinq autres récoltés sur le territoire de Miserey (Doubs), à droite de la ligne ferrée de Vesoul à Besançon et à quelques centaines de mètres du tunnel [2]. Ma collection.

Je crois devoir ajouter que M. A. Bertrand a retrouvé *S. lacunata* dans une des tranchées du tramway reliant le département de la Haute-Saône à celui du Doubs, avec une partie des Ammonites citées plus haut.

---

[1] I se rapporte à mon échantillon de Pusy (Haute-Saône); II à l'un de ceux que j'ai récoltés à Miserey (Doubs); III au sujet qu'avait bien voulu me confier E. Caillet, avant son départ pour l'Orient.

[2] Le petit gisement de Miserey m'avait été indiqué très aimablement par le Dr Rollier; dès l'année 1883, il avait eu le soin d'énumérer les espèces susceptibles d'y être rencontrées dans une courte Notice sur la formation jurass. des environs de Besançon (Actes de la Soc. jurass. d'Emulation de Porrentruy), Porrentruy.

LIASIEN

N° 8. — Deroceras **Muticum** D'Orbigny sp.

Pl. ii, fig. 9 et 10.

Synonymie :

1842-49	*Ammonites muticus*	D'Orb. Pal. f^{aise}, Terr. jurass., t. I, p. 274, n° 96, Pl. 80. Paris.
1850	— —	D'Orb. Prodr. de Paléont , vol. I, p. 224, n° 23, Liasien. Paris.
1869	— —	Dum. Et. paléont. sur les dépôts jurass. du Bassin du Rhône, IIIe partie, p. 67-68. Paris.
1896	*Ægoceras* (Deroceras) *muticum*	D'Orb. sp., Parona. Ammoniti del Lias inf. del Saltrio, Ire partie, p. 29. Tav. IV, fig. 2, 3 (Mém. de la Soc. paléont. suisse, vol. XXIII). Genève.

DIMENSIONS

Diamètre	21 ^m/^m
Hauteur	0,21
Epaisseur	0,19
Ombilic	0,52

Comme on le voit par ces dimensions, notre échantillon a une taille assez exiguë; aussi ce que je vais en dire ne peut s'appliquer qu'à un sujet jeune.

Coquille très comprimée, non carénée, largement ombiliquée; spire formée de tours presque aussi élevés que larges, étroits, arrondis sur la région siphonale, peu convexes sur les côtés, non embrassants et croissant lentement; ornés de côtes droites, régulièrement espacées, au nombre de 23 environ, terminées (du côté externe) par une petite pointe mousse; ombilic très ouvert, presque superficiel, laissant bien voir les tours intérieurs; section des tours à peu près carrée, à peine échancrée par le retour de la spire; ligne suturale invisible.

Loc. Cubry-les-Faverney (Haute-Saône) : un seul échantillon pyriteux [1]. Ma collection.

---

[1] Le niveau des *Deroceras muticum* et *Phricodoceras Taylori* (dont il me reste à parler en ce qui concerne le Lias moyen) ne saurait être indiqué ici, par le fait des mélanges qui se sont opérés, à la suite de travaux de culture dans les petits ravins ayant fourni ces deux espèces d'Ammonites.

N° 9. — Phricodocéras Taylori Sowerby sp. [1].

Pl. ɪɪ, fig. 11, 12, 13 ; Pl. vɪɪɪ, fig, 12.

Synonymie :

1826	*Ammonites Taylori*	Sow. Min. Conch., vol. Vl, p. 23, Tab. DXIV, fig. 1. London.
1844	— —	D'Orb Pal. fᵃⁱˢᵉ, t. l, p. 323, nᵘ 125, Pl. 102, fig. 3, 4. Paris.
1858	— —	Qu. Der. Jura, p. 135, Tab. 16, fig. 8. Tübingen.
1876	*Ægoceras Taylori*	Tate et Blake. Yorkshire Lias, p. 279.
1882	— —	Th. Wright. Monogr. on the Lias *Amm.* of the Brit , Isl., p. 348, Pl. xxxɪ, fig. 5 à 7 (The Palæont Soc.). London.
1885	*Ammonites Taylori*	Qu. Die *Amm.* des Schwäb. Jura, Bd ɪ, p. 213, Tab. 27, fig. 14 à 16 spécialement. Stuttgart.
1915	*Phricodoceras Taylori*	R. Douvillé. Et sur les *Cardiocératidés*, p. 62, fig. 12 (Mém. pour servir à l'explic. de la cart. géol. détaillée de la France). Paris.

DIMENSIONS

	I	II
Diamètre.	25 ᵐ/ᵐ	12 ᵐ/ᵐ
Hauteur ⎰ entre . .	0,40	0,45
Épaisseur ⎱ les côtes. . .	0,36	0,41
Ombilic	0,32	0,33

Coquille assez épaisse, non carénée, dont les tours étroits, arrondis sur chaque face, portent 12 à 15 côtes très en saillie, assez arquées en avant et largement espacées ; chacune d'elles porte deux rangs de tubercules tronqués.

Le premier occupe sensiblement le milieu des flancs ; le deuxième borde le contour externe. Souvent les tubercules du premier rang manquent complètement ou bien sont très peu proéminents.

Entre chaque côte principale, il s'en trouve d'intercalaires très fines. L'ombilic est moyennement ouvert, mais assez profond ; la région siphonale est légèrement concave (du moins dans mes échantillons) ; elle présente en son milieu un petit espace lisse, limité, de

[1] Le genre *Phricodoceras* a été créé par Hyatt, en 1900.

chaque côté, par les tubercules du contour externe. La section des
tours est arrondie, assez tronquée en avant, très peu échancrée par le
retour de la spire.

Pour se faire une idée de la composition de la ligne cloisonnaire,
non visible sur mes deux exemplaires, je renvoie le lecteur à l'atlas de
Quenstedt : *Cephalopoden*, Tab. IX, fig. 21, et spécialement au Mémoire
de R. Douvillé (loc. cit.), p. 62.

Pour les personnes qui ne posséderaient pas les ouvrages de ces
deux auteurs, j'ai, du reste, reproduit Pl. ii, fig. 12 et 13, la ligne cloisonnaire d'un sujet provenant de Reutlingen (Würtemberg).

Loc Cubry-les-Faverney (Haute-Saône) : deux échantillons pyriteux en bon état. Ma collection.

TOARCIEN

N° 10. — Cœloceras aff. Bollense Zieten sp.

Pl. ii, fig. 14.

Synonymie :

1830	*Ammonites bollensis*	Ziet. Die Verstein. Würtemb., p. 16, Tab. XII, fig. 3. Stuttgart.
1849	— —	Qu. Cephal., p. 13, Tab. 13, fig. 13. Tübingen.
1874	— —	Dum. Et. paléont. sur les dépôts jurass. du Bassin du Rhône, IVᵉ p., Lias sup., p. 101. Paris.
1885	—	Qu. Die *Amm.* des Schwäb Jura, Bd i, p. 370, Tab. 46, fig. 13-14. Tübingen.
1906	*Cœloceras* (Peronoceras)	*bollense* Lissajous. Toarcien des env. de Mâcon, p. 45. Mâcon.

DIMENSIONS

Diamètre	45 m.m.
Hauteur approximative	0,22
Epaisseur	0,35
Ombilic	0,48

Dumortier définit ainsi les caractères du *Cœloceras bollense* :

« Coquille comprimée dans son ensemble largement ombiliquée ;
« spire formée de tours anguleux, plus épais sur le contour extérieur
« qui est presque plat. Les tours ne forment pas de gradins marqués
« dans l'ombilic, mais sans aucune convexité tombent en formant un

« entonnoir régulier, où les tours ne sont séparés que par une suture
« peu profonde. Les tours sont pliés à angle vif sur le haut du tour
« Les tubercules ne sont pas régulièrement opposés de chaque côté de
« la coquille, mais alternent. Les ornements sont semblables à ceux
« de l'*Amm. subarmatus,* mais les côtes forment un petit sinus en
« avant sur le contour siphonal ».

Le sujet que j'ai figuré Pl. II, fig. 14, me paraît se rapporter à cette
rare espèce : il a la région siphonale très aplatie ; les tours peu élevés,
en comparaison de leur épaisseur ; les côtes très nombreuses et
serrées, avant de se terminer par un petit tubercule peu aigu sur le
contour siphonal, forment bien le sinus dont parle Dumortier ; l'ombilic est largement ouvert et paraît profond ; la section des tours, très
comprimée en avant, est à peine échancrée par le retour de la
spire.

Aucune confusion n'est à craindre entre *C. bollense* et *C. subarmatum* Young et Bird [1].

Ce dernier, à diamètre égal, est plus largement ombiliqué ; il a des
tours aussi hauts qu'épais et se recouvrant en contact arrondi. Sur les
sujets bien conservés, comme on en a rencontré à Saint-Quentin
(Isère), les épines sont très longues, pointues, visibles dès les premiers
tours ; mais, la plupart du temps, les épines tombent et alors on n'a
plus qu'un tubercule arrondi.

CALLOVIEN MOYEN

(Couches à *Reineckeia anceps*).

N° 11. — Cosmoceras Pollux (Reinecke) Nikitin.

Pl. II, fig. 15 et 16.

Synonymie [2] :

1818	*Nautilus Pollux*	Rein. Maris Protog. Naut. et Argon, p. 64, Tab. III, fig. 21-23. Coburgi.
1830	*Ammonites Pollux*	Ziet. Die Verstein Würtemb., p. 15, Tab. XI, fig. 3. Stuttgart.
1876	*Cosmoceras Pollux*	Neumayr. Die Ornaten. V. Tschulkowo, p. 343, Taf. XXV, fig. 5-6. München.

[1] On trouvera d'excellentes figures du *C. subarmatum* dans la Pal. fais, Pl. 77; Dumortier (loc. cit.). Pl. 2 , fig. 6 ; H. Joly (Notes paléont. de 1905, Soc. des sciences de Nancy, série III, t. VI, fasc. I, Pl. 1).

[2] Il eût été utile de faire entrer dans la synonymie le Mémoire de Reuter (Ob. Jura der Frank Alb, Inaug. — Diss., München, 1908), où, d'après le Dr Rollier, l'auteur a représenté très soigneusement *C. Pollux*, etc. ; malgré toutes mes démarches, je ne suis pas arrivé à me procurer ce travail.)

1881   *Cosmoceras Pollux*   Nikitin. Die Jura-Ablager. zwisch. Ry-
binsk, etc., an der Oberen Wolga, p. 74,
n° 26, Tab. IV, fig. 36-37 (Mém. de
l'Acad. imp. des sciences de Saint-
Pétersbourg, viie série, t. XXVIII, n° 5).
Saint-Pétersbourg.

1883   —   —   Lahusen. Die fauna d. Jurass. Bildung.
d. Rjasansch. Gouv., p. 61, Taf. VIII,
fig. 5, 6, 7^b et 8 (Mém. du Comité géol.
russe, vol. I, n° 1).

1915   —   —   R. Douvillé. Et. sur les *Cosmocératidés*
(loc. cit.), p. 40, Pl. xi, fig. 3.

DIMENSIONS

	Andelot-Véria	Valfin s/.Valouze
Diamètre	36 m/m	32 m/m
Hauteur	0,41	0,34
Epaisseur.	0,39	0,28
Ombilic . . , ...	0,36	0,37

Cette Ammonite se rencontre assez rarement dans la région du Jura
que j'ai explorée, où les échantillons sont tantôt assez renflés, tantôt
comprimés.

Les tours, dans le premier cas (le seul que j'envisagerai), sont à peu
de chose près aussi élevés qu'épais ; ils portent des côtes fortes,
saillantes, largement espacées, presque droites ou un peu arquées e n
avant, surélevées sur le bord ombilical, recouverts par moitié et
ornés, sur chaque face, de deux rangées de tubercules assez proéminents. La rangée interne occupe le dessus du milieu des tours ; la
rangée externe ou dorsale se remarque bien visiblement sur l'extrême
bord de la région siphonale.

L'ombilic est assez ouvert et profond, son pourtour est arrondi ; la
section des tours est octogonale, échancrée sur la moitié de la spire.
La ligne suturale manque, mais on pourra en suivre la compositio n
dans la brochure de Teisseyre (loc. cit.), Tab. IV, fig. 26.

R. Douvillé, p. 40, de son Etude sur les *Cosmocératidés*, a donné une
diagnose beaucoup plus précise du *C. Pollux* : je ne puis m'empêcher
de la reproduire ici.

« Cette forme (de *Cosmoceras*) est toujours petite, épaisse, extrême
« ment peu costulée et, par contre, très tuberculée. Les tubercules
« ombilicaux sont relativement peu développés ; ils correspondent à
« de simples surélévations des côtes primaires qui, avec l'âge, peu-
« vent devenir lamelleuses et se renverser en arrière comme chez cer-

« taines espèces de *Strenoceras*. Par contre, les tubercules latéraux
« sont de véritables épines extrêmement saillantes. Ils sont réunis
« aux tubercules externes — également très aigus et élevés — par des
« côtes secondaires à peine visibles, représentés par de simples stries
« du test. Il y a à peu près le même nombre de tubercules externes
« que de tubercules latéraux.

« Parfois, cependant, à un de ces derniers, correspondent deux tu-
« bercules externes. Ceux-ci sont très rapprochés, presque jonctils. »

C. Pollux diffère complètement de *C. ornatum* Schloth [1]; celui-ci a
des côtes plus nombreuses, plus serrées; des tubercules plus arrondis;
la section des tours est plutôt hexgonale, avec un petit méplat médian,
abstraction faite du niveau qui est plus élevé.

Loc. Andelot-les-Saint-Amour (Jura), affleurements calcaires, très
fossilifères, mais peu visibles maintenant par suite de travaux de culture, sur la gauche du chemin conduisant à Gigny : deux échantillons
dont l'un, fig. 15, de la Pl. ii, représente la forme épaisse, et fig. 16 la
forme comprimée.

J'ai recueilli le premier, à forme renflée, dont je viens d'esquisser
les caractères, entre Andelot-les Saint-Amour et Véria (Jura), dans
des marno-calcaires durs et compacts, avec divers autres fossiles :
Reineckeia anceps Rein , *Hecticoceras punctatum* Stæhl, *Pholadomya
decussata* Oppel, etc. [2].

Le deuxième, qui est comprimé, à Valfin-sur-Valouze (Jura), dans
des bancs marno-calcaires également où *Hecticoceras punctatum* foi-
sonne littéralement. On peut y récolter aussi *Lophoceras pustulatum*,
mais en exemplaires d'assez petite taille.

M. Attale Riche, p. 311, de sa laborieuse Etude sur le Jurassique
inférieur du Jura méridional, laisse entendre qu'il a trouvé à Cui-
seaux et Andelot plusieurs formes de *Cosmoceras* dont l'un rappelle
C. Castor Rein.; peut-être s'agit-il encore du *C. Pollux*, ce que je n'ai
pas eu le temps de vérifier lorsque j'ai eu le plaisir de jeter un coup
d'œil, trop rapide malheureusement, sur les beaux matériaux amassés
dans le Jura par mon savant et sympathique confrère de Lyon.

C. Pollux est rare en France : M. A. De Grossouvre l'a rencontré à

[1] Il y a une quinzaine d'années, *C. ornatum* était encore très abondant à
Authoison, dans les petits ravins des « Trois Poiriers », où il était associé à
C. Pronix Teiss, *Hecticoceras Brighti* Pratt, *Perisphinctes Matheyi* P. De Lo-
riol, etc.

R. Douvillé (*Cosmocératidés*) a représenté de très nombreux échantillons
de *C. ornatum* Pl. xix, fig. 24 à 42 et Pl. xx, fig. 1, 3, 8, 12, provenant de
Villers-sur-Mer (**Calvados**) et des Collections de l'Ecole Nationale des Mines
de Paris.

[2] Mon échantillon renflé a une assez grande ressemblance avec celui de
a Pl. xi (fig. 3) du Mémoire de R. Douvillé sur les *Cosmocératidés*.

Montbizot (Sarthe); M. le Dr Rollier l'a retrouvé près de l'ancien étang de la Moëche, territoire de Belfort. J'en ai récolté des fragments à Baume-les-Dames (Doubs), sur le chemin déclassé de Cendrey.

N° 12. — Hecticoceras Nodosum Bonarelli, var. Quenstedti X. De Tsytovitch.

Pl. II, fig. 17 ; Pl. VIII, fig. 10.

Synonymie :

1887	*Ammonites hecticus nodosus*	Qu. Die *Amm.* Schwäb Jura, Bd. II, Tab. 82, fig. 39 Tübingen.
1895	*Lunuloceras metomphalum*	Bonar. Sur la faune du Call. inf. de Savoie, p. 105, Pl. IV, fig. 5 ; excl. synonymie (Extr. des Mém. de l'Acad. de Savoie, IVᵉ série, t. VI. Chambéry.
1911	*Hecticoceras nodosum*	Bonar. (var. *Quenstedti*) De Tsytov. *Hecticoceras* du Call. de Chèzery, p. 47, Pl. VI, fig. 6 (Mém. de la Soc. pal. suisse, vol. XXXVII. Genève.

DIMENSIONS

Diamètre	67 m/m
Hauteur	0,38
Epaisseur (prise sur le sillon partageant les flancs en deux parties inégales	0,24
Ombilic	0,37

L'*Hecticoceras* dont je vais entretenir mes lecteurs a les plus grands rapports avec une variété appelée : *H. nodosum* Bonar., var. *Quenstedti*, par Mˡˡᵉ X. De Tsytovitch.

Voici ce qu'en dit cet auteur dont j'ai pu apprécier la haute intelligence et examiner les nombreux matériaux géologiques recueillis par lui-même, au prix de grands efforts, dans les environs de Chézéry (Ain) où j'ai fait moi-même quelques recherches, il y a peu d'années.

« J'attribue à *H. nodosum*, comme variété spéciale, plusieurs échan-« tillons ayant des tubercules latéraux particulièrement nombreux et « robustes, des côtes externes relativement espacées et peu rétro-« verses, des tours à accroissement lent. Cette variété se rapproche de « l'Ammonite figurée par MM. Parona et Bonarelli sous le nom de « *H. metomphalum* et de celle figurée par Quenstedt dans ses *Amm*· « des Schw. Jura, Pl 82, fig. 39. Par la multiplication de ses côtes

« internes, elle rappelle *H. melomphalum*, sans pouvoir, du reste, être
« attribuée à cette espèce. »

Pour achever cette description, je me permets d'ajouter ces quelques
caractères : la coquille est assez épaisse ; la région siphonale arrondie
et pourvue d'une quille excessivement petite, non détachée ; la section
des tours ovale, assez échancrée par le retour de la spire ; le pourtour
ombilical bordé par une sorte de teniola. A noter encore qu'un sillon
étroit et spiral existe entre les tubercules internes et les côtes externes ;
enfin que seuls les tubercules sont visibles dans les tours intérieurs.
Quant à la ligne suturale, on n'en aperçoit aucune trace.

Loc..Baume-les-Dames (Doubs), un unique échantillon provenant
de la partie moyenne des affleurements calloviens du chemin déclassé de Cendrey, à gauche de la voie ferrée de Besançon à Belfort.
Ma collection.

N° 13. — Peltoceras aff. Reversum Leckenby sp.

Pl. III, fig. 1, 2, 3.

Synonymie :

1859.	*Ammonites reversus*	Leck. On the Kellow. Rock of the Yorkshire Coast, p. 9, n°5, Pl. I, fig. 2 (The Quart. Journal of the geolog., Soc., vol. XV, part. I, n° 57). London.

DIMENSIONS

Diamètre	67 m/m
Hauteur	0,26
Epaisseur	0,25
Ombilic[1]	?

Coquille comprimée, se développant lentement ; spire composée de
tours étroits, à peu près aussi épais que hauts, arrondis en dessus,
peu convexes sur les flancs, à peine embrassants, et comme simplement accolés[2] ; ornés d'assez nombreuses côtes fortes, très saillantes,
bien espacées, se divisant, à partir du milieu des flancs, en deux
branches secondaires fortement rejetées en arrière et passant sur la
région siphonale en formant un sinus assez large. Ombilic bien
ouvert, peu profond, où l'on distingue au moins quatre tours inté-

---

[1] L'ombilic du sujet anglais, pour un diamètre total de 53 millimètres a
une largeur de 26 millimètres.
[2] Ce caractère a été emprunté à la figure anglaise 2 et 3.

rieurs (dans l'échantillon figuré pour Leckenby) ; section des tours ovale, ligne cloisonnaire invisible.

Ce *Peltoceras*, dont il est fait mention dans l'ouvrage de Waagen (Jurassic Fauna of Kutch, vol. I, p. 86 [1]) a été cité par J. Martin dans sa liste de fossiles calloviens de la Côte d'Or [2] : il n'avait pas encore été signalé dans le Jura. Je le crois, du reste, très rare en France.

Il est très facile de distinguer ce même *Peltoceras* des formes de l'Oxfordien et de l'Argovien, qu'il est inutile de rappeler ici.

Loc. Montrevel (Jura), un seul échantillon calcaire, des couches à *Reineckeia anceps*, malheureusement bien incomplet, mais dont la dernière loge est encore pourvue, sur l'un des côtés, de la languette buccale également visible sur l'échantillon anglais. Ma collection.

NOTA. — Pour aider à reconnaître *P. reversum*, j'ai fait figurer la photographie de l'échantillon type de Scarborough (Angleterre), à côté du sujet de Montrevel [3] On pourra ainsi se rendre compte de la grande affinité qui existe entre ces deux échantillons rencontrés à une distance considérable l'un de l'autre.

Dans le but de rendre ma détermination plus certaine, M. A. De Grossouvre a bien voulu me communiquer un moulage du type anglais conservé dans les collections du Sedgwick Muséum de Cambridge ; on en trouvera la reproduction Pl. III, fig. 3.

N° 14. — Reineckeia cfr. Decora Waagen sp.

Pl. III, fig. 4 ; Pl. VIII, fig. 13.

Synonymie :

1875	*Perisphinctes decorus*	Waagen. Jurass. Fauna of Kutch, vol. I (4), p. 208, Pl. LVII, fig. 3 (Palæont. Indica). Calcutta.
1893	*Reineckeia* cfr. *decora*	Riche. Et. stratigr. sur le Jurass. inf. du Jura méridional, p. 312 (Ann. de l'Univ. de Lyon, t. VI, 3° fasc.). Paris.

[1] W. WAAGEN. 1875. In. Mem. of the Geolog. Survey of India, série IX, 3 (Palæont. Indica). Calcutta.

[2] J. MARTIN. 1876-1877. Le Call. et l'Oxf. du versant méditerranéen de la Côte-d'Or, p. 180 (Extr. du Bull. de la Soc. géol. de France, III° série, t. V). Paris.

[3] Cette photographie (Pl. III, fig. 2) a été prise par M. J.-W. Tutcher, de Cambridge, et m'est parvenue par l'intermédiaire obligeant de M. S. S. Buckman, le savant géologue anglais bien connu.

DIMENSIONS

Diamètre	52 $^{m}/_{m}$
Hauteur	0,38
Épaisseur	0,25
Ombilic	0,34

Coquille très comprimée, dont les tours légèrement convexes sur les flancs, sont beaucoup plus élevés que larges, arrondis sur la région siphonale, amincis sur le contour externe ; ornés de nombreuses côtes, presque droites, assez fines et serrées, qui se bifurquent le plus ordinairement (sur mon échantillon) vers le milieu du dernier tour, sur lequel on remarque aussi, de loin en loin, quelques côtes intercalaires. Les unes et les autres s'interrompent sur le bord externe, laissant une bande lisse sur la région siphonale, comme dans toutes les *Reineckeia*.

L'ombilic, moyennement ouvert, est peu profond ; les côtes y prennent naissance directement ; la section des tours est ovale, sans être beaucoup échancrée par les tours suivants ; les cloisons manquent.

Cette espèce paraît peu commune dans l'Est de la France ; elle se distingue très facilement de *Reineckeia Douvillei* Steimann : celle-ci, en effet, a une ornementation plus forte, plus saillante, moins serrée ; un ombilic plus ouvert ; des tours coupés par plusieurs étranglements, etc. [1].

D'un autre côté, d'après les observations de M. A. De Grossouvre, elle semble voisine du jeune de *R. angustilobata* Brasil, dont il va être question, sans cependant avoir les côtes bifurquées aussi près du bord de l'ombilic.

Loc. Andelot-les-Saint-Amour (Jura), affleurements du Callovien moyen entre cette localité et Gigny ; un exemplaire seulement, dont les tours ne sont pas dégagés. Ma collection.

M. A. Riche, en parlant des échantillons recueillis par lui à Véria et Andelot, dit qu'ils ont les côtes un peu plus infléchies en avant que dans la fig. 3, Pl. LVII de Waagen (loc. cit.) ; chez mon sujet. les côtes présentent la même disposition, mais seulement sur moitié environ du dernier tour.

---

[1] Se reporter aux figures que j'ai données de la *R. Douvillei*, dans mon « Essai sur la faune call. des Deux-Sèvres », Pl. v, fig. 5 ; et Pl. x, fig. 2 et 4.

CALLOVIEN SUPÉRIEUR

(Couches à *Peltoceras athleta*)

N° 15. — Reineckeia Angustilobata L. Brasil sp.

Pl. III, fig. 5 à 7 ; Pl. IV, fig. 1, et Pl. VIII, fig. 11.

Synonymie :

1842-1849	*Ammonites anceps*	D'Orb. Pal. f^{aise}, Terr. jurass., t I, Pl. 166, fig. 5 (non fig. 1-4). Paris.
1896	*Peltoceras angustilobatum*	Brasil. Les genres *Peltoceras* et *Cosmoceras* dans les c. de Dives, etc., p. 6, Pl. III (Extr. du Bull. de la Soc. géol. de Normandie, t. XVII). Havre.
1905	*Reineckeia angustilobata*	L. Collot. Sur le *Reineckeia angustilobata* Brasil sp., etc., du Call. (Feuille des jeunes naturalistes, IVᵉ série, 35ᵉ année, n° 422). Rennes.
1912	— —	R. Douvillé. Et. sur les *Cardiocératidés* (loc. cit.), p. 9.

DIMENSIONS [1]

	I	II	III
Diamètre	275 m/m	380 m/m	400 m/m
Hauteur	0,25	0,26	0,27
Epaisseur	0,21	0,20	0,18
Ombilic	0,50	0,56	0,57

Le travail si consciencieux de M. Victor Maire sur le Callovien et l'Oxfordien à Authoison (Haute-Saône), publié en 1908 [2], fait mention d'une Ammonite (*Peltoceras angustilobatum*) qui acquiert souvent des dimensions considérables et a été rencontrée à la partie supérieure de la couche à *Cosmoceras ornatum* de ce remarquable gisement.

A l'époque où je le découvris, en octobre 1878, de gros fragments de

[1] Les échantillons I et II se rapportent à des sujets de Rimaucourt (Haute-Marne), et III à un exemplaire très adulte d'Authoison (Haute-Saône), dont l'extrémité du dernier tour est comprimée.

[2] V. MAIRE. 1908. Le Call. et l'Oxf. inf. à Authoison (Haute-Saône), p. 8 (Extr. du Bull. de la Soc. grayloise d'Émulation). Gray.

ce prétendu *Peltoceras* n'étaient pas rares autour du point appelé « Trois Poiriers.

Antérieurement à 1878, des cultivateurs en avaient ramassé un échantillon entier qui avait trouvé place dans les vitrines de la Société d'agriculture, belles-lettres, sciences et arts de la Haute-Saône. J'en fis l'acquisition au moment où cette Société se vit obligée, bien à regret, de céder une bonne partie de ses richesses scientifiques, faute de place pour les loger.

C'est bien la même grande Ammonite que Wohlgemuth a désignée sous la lettre A, p. 171 et 172, de sa thèse[1] ; il en avait remarqué de nombreux exemplaires adultes (de $0^m,30$ à $0^m,60$ de diamètre) dans un remblai, à proximité de la gare de Rimaucourt (Haute-Marne)[2].

Diagnose du *P. angustilobatum* établie par M. L. Brasil.

« Coquille de très grande taille, largement ombiliquée, par suite du « peu de recouvrement des tours dont la section, d'abord aplanie « latéralement, devient plus régulièrement ovale avec l'âge.

« Les premiers tours sont ornés de fines côtes dichotomes assez « régulières ; bientôt apparaissent des tubercules ombilicaux situés « environ au tiers inférieur de la hauteur des tours. A partir de ces « tubercules, les côtes se divisent généralement en trois côtes secon-« daires, l'ornementation se faisant alors remarquer par sa grande « irrégularité. Les tubercules externes apparaissent ensuite ; les côtes « secondaires issues des tubercules ombilicaux s'atténue alors pro-« gressivement pour disparaître et faire place à de grosses côtes « aplaties, dont chacune unit un tubercule ombilical au tubercule « externe correspondant. Chaque tubercule externe donne naissance « à trois petites côtes passant sur la région siphonale, où chacune se « termine par un petit tubercule. Ces petits tubercules, très serrés les « uns contre les autres, disposés sur deux rangs, limitent un espace « étroit semblable à un sillon. Sur le dernier tour, les tubercules « latéraux prennent un développement considérable, les petites côtes « disparaissent, isolant les deux rangées de tubercules, etc. »

Voici maintenant ce que dit L. Collot dans une note parue en 1905, sur la même espèce (Feuille des jeunes naturalistes, p. 27).

« Une Ammonite très remarquable caractérise la partie tout à fait

[1] J. WOHLGEMUTH. 1883. Recherches sur le jurass. moyen à l'Est du Bassin de Paris (Extr. de Bull. de la Soc. des sciences de Nancy). Paris.

[2] J'ai visité (en temps utile) le remblai dont parle Wohlgemuth et j'ai eu la satisfaction d'y voir une douzaine au moins de ces Ammonites géantes qui provoquaient l'étonnement des ouvriers italiens occupés à la construction de ce remblai, et dont la grosseur et le poids contrastaient singulièrement avec les très petites espèces pyriteuses des couches recouvrant l'assise à grosses *Reineckeia*, autrement dit des c. à *Cr. Renggeri*.

« supérieure de l'assise à *P. athleta* (Callovien des environs de Châ-
« tillon-sur-Seine (Côte-d'Or). C'est une *Reineckeia* dont les tours in-
« ternes sont à peine tuberculeux et dont l'adulte est pourvue sur les
« flancs de côtes fortes, relevées à leurs deux extrémités par un tuber-
« cule ; à chacune d'elles correspondent sur les deux côtés de la ligne
« siphonale 3 ou 4 côtes dégénérées en tubercule. »

Dans cette note, L. Collot indique les raisons pour lesquelles il a
considéré l'Ammonite en question comme une *Reineckeia* : ces raisons
sont péremptoires.

Si l'on examine, dit-il, les tours intérieurs du sujet figuré par
M. Brasil ainsi que ceux d'individus bien conservés, on voit claire-
ment que les côtes primaires partant de l'ombilic aboutissent à des
tubercules d'où surgissent plusieurs côtes secondaires. Ce genre d'ornementation rappelle bien celui des *Reineckeia* en général.

Il n'en est pas toujours ainsi, paraît-il, ainsi Pl. III, j'ai figuré un
fragment de *R. angustilobata* jeune, qui m'a été communiqué par
M. A. De Grossouvre : on remarquera que les premiers tours n'offrent
pas les tubercules dont parle L. Collot ; si l'on examine maintenant
le fragment d'adulte de cette même espèce Pl. IV, fig. 1, on verra
distinctement que les côtes de l'avant-dernier tour surtout donnent
naissance à des tubercules d'où partent plusieurs côtes secondaires.

D'autres raisons, poursuit L. Collot, ont trait aux tubercules qui
bordent la région siphonale. Il les regarde comme des côtes
raccourcies, dégénérées (Pl. III, fig. 6) ; il ajoute que leur multiplicité,
par rapport aux tubercules des flancs (Pl. III, fig. 5 et Pl. IV, fig. 1),
n'a d'analogie dans aucun *Peltoceras* ; d'autres particularités con-
cernent encore les lobes qui ne sont visibles sur aucun des échantillons étudiés.

Loc. Authoison (Haute-Saône), gisement des « Trois Poiriers »,
couche supérieure à l'assise à *C. ornatum* : un échantillon calcaire de
400 millimètres de diamètre, dont il a été question plus haut, et plusieurs fragments d'adultes récoltés au même endroit et dans de petits
ravins sous le bois du « Chant d'Oiseaux » entre Authoison et Pennesières). Ma collection.

Cette *Reneckeia* a été rencontrée aussi : à Montreuil-Bellay (Maine-
et-Loire) ; à Pas-de-Jeu (Deux-Sèvres) et à Cogny (Cher), par M. A. De
Grossouvre ; aux environs de Dijon (Côte-d'Or), par L. Collot et
E. Marion ; à Maillezais (Vendée), par M. Sauvaget ; à Prahecq
(Deux-Sèvres), etc. [1].

[1] M. QUEUILLE, pharmacien à Niort, possède un échantillon de *R. Angustilobata*, de très grande taille, trouvé à Prahecq, près de l'emplacement
de la gare, dans une sorte de dalle calcaire appelée vulgairement « Pierre
chauffante », qui représenterait là-bas le Callovien supérieur.

Elle est probablement la même que celle qui a été surnommée : *Am. Odysseus* par K. Mayer et dont parle le Dʳ Rollier (Faciès du Dogger ou Ool. dans le Jura, etc., etc., p. 335).

OXFORDIEN INFÉRIEUR

(Couches à *Creniceras Renggeri*)

Nº 16. — Aspidoceras aff. Ovale Neumann sp.

Pl. iv, fig· 2, 2', 3 ; Pl. viii, fig. 7, 8.

Synonymie :

1907	*Aspidoceras ovale*	Neum. Die Oxford-fauna V. Celechowitz, p. 58, Taf. VI, fig. 20 (Beitr. zur Palæont. und geol. Oesterreich-Ungarns und des Orients, Bd. xx). Wien.

DIMENSIONS [1]

	I	II	III	IV
Diamètre	35 m/m	95 m/m	137 m/m	115 m/m
Hauteur	0,34	0,31	0,28	0,43
Epaisseur	0,31	0,29	?	0,33
Ombilic	0,40	0,47	0,48	0,33

Coquille comprimée dans son ensemble. Spire formée de tours presque aussi épais que hauts, à croissance lente et se recouvrant faiblement ; ceux de l'intérieur sont un peu comprimés dans mon échantillon ; le dernier, au contraire, est assez bombé. La région siphonale est arrondie, à peine élargie latéralement par des tubercules.

Chez le jeune (ce qui est mon cas), les ornements consistent en lignes transverses d'accroissement, faiblement marquées ; de distance en distance, ces lignes, par suite de leur réunion en faisceau, s'épaississent un peu et forment un tubercule assez pointu sur le contour externe.

Chez l'adulte, d'après la figure de Neumann, on ne distingue pas de fines costules, mais on voit bien les petits bourrelets transverses qui se terminent par des pointes.

L'ombilic est large, peu profond ; la coupe des tours est arrondie, très peu échancrée par le retour de la spire.

[1] Ces dimensions s'appliquent : pour le nº I, au sujet jeune de ma collection ; pour II et III, aux deux échantillons adultes de Neumann ; et pour IV, à *Asp. Lytoceroïde*-Gemmellaro.

La ligne de suture ne se lit pas facilement sur mon échantillon : elle n'est même pas conservée en entier dans la figure représentant le type de Neumann (Pl. IV, fig. 3), ce qui m'empêche de la définir. Elle ne paraît pas, du reste, différer sensiblement de celle de l'*Am. perarmatus* D'Orb.

Asp. ovale se reconnaît facilement et ne peut être confondu avec cette dernière espèce qui possède deux rangées de tubercules bien définis et dont la section des tours est franchement carrée.

Asp. ovale est bien différent de *Asp. Edwardsi* D'Orb [1]. Il suffit de jeter un coup d'œil sur la Pl. 188 de la Paléontologie française pour s'en convaincre.

Asp. Edwardsi a sa ligne de tubercules plus serrée et placée plus loin du pourtour externe; la section des tours est transverse et un peu carrée.

Par contre, *Asp. ovale* a un certain rapport avec *Asp. lytoceroïde* Gemm. [2], de la zone à *Asp. acanthicum* ; d'après Neumann, il peut être regardé comme étant le précurseur de *Asp. ovale*.

Loc. Neumann a recueilli ses échantillons dans les couches à *Cardioceras cordatum* de Cetechowitz (Moravie) ; celui qui fait partie de ma collection est d'un niveau un peu inférieur, c'est-à-dire de la zone à *Quenstedticeras !præcordatum*, surmontée par des marnes où l'on peut déjà rencontrer *C. cordatum* Sow. : il est pyriteux et provient de Villers-sous-Montrond (Doubs).

Il m'est agréable, à propos de cette découverte, bien rare pour notre région, de dire que la détermination de mon échantillon a été faite par mon sympathique correspondant de Zurich, M. le Dr L. Rollier qui a eu la pièce entre les mains et toute facilité pour en contrôler les caractères.

N° 17. — Creniceras Crenatum Bruguière sp.

Pl. IV, fig. 4 à 9.

Synonymie :

1708	*Am. spina dentata cornu*	Lang. Hist. lapid. figur. Helvetiæ, p. 93, Pl XXIII, fig. 1-2.
1792	*Ammonites crenatus*	Brug. Encycl. méth., 1, p. 37.
1847	— —	D'Orb. (pars). Pal f[alse] (loc. cit.), p. 521, Pl. 197, fig. 5, 6.
1863	— —	Oppel. Mittheil., Ueb. jurass. Cephal., III, p. 203, n° 66.

[1] D'ORBIGNY. 1842-49. Pal. f[alse] (loc. cit.), p. 504, Pl. 188.
[2] GEMMELLARO. 1872-82. Sopra Alcune faune Giuresi et Lias, della Sicilia studi paléont., p. 227, Tab. XI, fig. 10. Palermo.

3

| 1896 | *Oppelia crenata* | P. De Loriol. Et. sur les Moll. et Brach. de l'Oxf. sup. et moyen du Jura bernois, p. 17, Pl. I, fig. 7 (Mém. de la Soc. paléont. suisse, vol. XXIII). Genève. |
| 1902 | *Creniceras crenatum* | P. De Loriol. Et. sur les Moll. et Brach. de l'Oxf. sup. et moyen du Jura lédonien, p. 53, Pl. III, fig. 24 (mêmes Mém., vol XXIX). Genève. |

DIMENSIONS [1]

	I	II	III	IV
Diamètre	17 $^{m/m}$	25 $^{m/m}$	22 $^{m/m}$	20 $^{m/m}$
Hauteur	0,47	0,48	0,45	0,45
Epaisseur	0,29	0,24	?	0,25
Ombilic	0,35	0,28	0,27	0,25

On trouvera peut-être singulier de me voir placer cette espèce dans l'*Oxfordien inférieur* (c. à *Cr. Renggeri*), alors que presque tous les auteurs la considèrent comme occupant un niveau supérieur.

J'ai longtemps hésité à en faire état dans mon travail, mais j'ai fini par laisser de côté mes scrupules, à la suite d'observations présentées par M. A. De Grossouvre et aussi de nouvelles trouvailles sur le terrain.

J'avais eu l'occasion de recueillir autrefois à Scey-sur-Saône (Haute-Saône), à la base de la petite colline dite de « Montaigu », un grand nombre d'Ammonites du genre *Creniceras*.

Parmi elles, se trouvaient de vrais *Cr. Renggeri*, et, en échantillons moins abondants, d'autres *Creniceras*, à ombilic plus ouvert, sur lesquels mon attention ne s'était pas arrêtée sérieusement.

Ce n'est que cette année (1916), lors d'une nouvelle visite aux gisements oxfordiens classiques de Villers-sous-Montrond et Arc-sous-Montenot (Doubs), que deux *Creniceras* pyriteux, d'un type semblable à ceux de Scey-sur-Saône, me sont tombés sous la main [2] : ils gisaient

[1] I se rapporte à un spécimen de Scey-sur-Saône (Oxfordien inf.) ; II à un échantillon de Naves, Ardèche (Argovien) ; III à un autre de Frickthal, Suisse (Argovien également) ; IV au sujet de Villers-sous-Montrond, qui fait l'objet de cet article.

[2] Depuis cette époque, j'ai retrouvé dans mes doubles, perdus de vue depuis longtemps, plusieurs autres spécimens de *Cr. crenatum*, récoltés également avec *Cr. Renggeri* dans les stations de Baume-les-Dames et Deluz (Doubs).

pêle-mêle avec de vrais *Cr. Renggeri, Perisphinctes bernensis* P. De Loriol, *Taramelliceras episcopalis* idem, etc., espèces communes de la base des marnes de l'Oxfordien inférieur.

L'échantillon de *Cr. crenatum* d'Arc-sous-Montenot a l'ombilic sensiblement plus ouvert et un développement plus régulier que celui du *Cr. Renggeri*, qui est presque fermé dans les premiers tours et s'ouvre ensuite assez brusquement (Pl. IV, fig. 7) ; il est identique à des spécimens de l'Argovien de Naves et Joyeuse (Ardèche), de la clue de Chabrières (Basses-Alpes), de Frickthal (Suisse), du Lochen (Würtemberg), etc.

Aux lieu et place de l'échantillon susdit d'Arc-sous-Montenot dont la conservation laissait à désirer, j'ai préféré représenter (Pl. IV, fig. 4 et 5) un de mes spécimens de Scey-sur-Saône et un autre de Sancey-le-Grand (Doubs) : les deux sont typiques.

Quant à celui de Villers-sous-Montrond, il présente la particularité de montrer des côtes bien nettes, visibles même dans les tours intérieurs [1].

On compte dix de ces côtes sur le dernier tour qui ne possède pas toute la loge d'habitation : elles se succèdent assez régulièrement, se dirigeant d'abord en avant, à partir du bord de l'ombilic ; s'épaississent un peu et assez vite, se coudent ensuite brusquement au milieu des tours, puis se renversent en arrière. Après avoir diminué d'épaisseur, elles reviennent encore une fois en avant pour se terminer près des dentelures de la région siphonale.

Les cloisons sont visibles, je crois inutile de les analyser : on les trouvera suffisamment détaillées dans les Mémoires de P. De Loriol (loc. cit.).

Sur plusieurs centaines d'échantillons appartenant au genre *Creniceras* et recueillis par moi depuis l'année 1872, époque à laquelle j'ai entrepris de très nombreux voyages tant en France qu'à l'étranger, aucun, en dehors de celui de Villers-sous-Montrond, n'a présenté une ornementation aussi saillante et aussi complète.

Il faut donc admettre que *Cr. crenatum* a commencé à paraître en même temps (ou à peu près) que *Cr. Renggeri* dans l'Oxfordien inférieur où il semble, du reste, assez peu commun, pour se répandre ensuite dans les couches supérieures où il est fréquent.

Je trouve la confirmation de cette conclusion dans le Mémoire de Bukowski [2] que j'ai oublié de comprendre dans la synonymie.

[1] Le plus habituellement, *Cr. Renggeri* a une surface à peu près lisse ; sur le dernier tour des échantillons les mieux conservés, on remarque quelques plis rayonnants plus ou moins accentués, ou de rares grosses côtes.
[2] G. BUKOWSKI. 1886. Ueb. die Jurabild. V. Czenstochau in Polen (Beitr. zur Palæont. Oesterr. — Ungarns, Bd. v.). Wien.

Cet auteur a très bien décrit et figuré C. *crenatum*, sous le nom de *Oppelia crenata*, p. 122, Taf. I, fig. 8, 9, 10, d'après des échantillons de la base de l'Oxfordien de Czenstochau où il est accompagné d'espèces que l'on trouve également dans nos marnes à fossiles pyriteux, tels que les *Cardioceras* figurés dans le même Mémoire, Taf. II, fig. 20, 21, 22, 23, et les *Peltoceras arduennense* D'Orb., *P. Constanti* D'Orb., *P. Athletoïdes* Lahusen. Il y a lieu d'ajouter à cette liste : *Perisphinctes* cfr. *Frickensis* Moesch, dont je vais indiquer sommairement les caractères, puis deux autres intéressants fossiles qui ont été signalés pour la première fois, en 1914, par M. Joly et R. Douvillé[2] : il s'agit de *Taramelliceras minax* Buk., et *T. pseudoculatum* du même auteur (loc. cit.), Taf. XXV, fig. 1, 11 et 12.

Donc, il n'y a pas de doute que *Cr. crenatum* n'ait apparu en même temps que *Cr. Renggeri* : il a vécu plus longtemps que lui, car on le trouve encore dans les marnes à spongiaires à *Peltoceras Toucasi*, *Ochetoceras canaliculatum*, etc.

N° 18. — Perisphinctes cfr. Frickensis Moesch sp.

Pl. v, fig. 2 à 5.

Synonymie :

1867	*Ammonites Frickensis*	Moesch sp. Geolog. Beschreib. des Argauer-Jura, p. 292, Tab. I, fig. 2 (Beitr. zur geolog. Karte der Schweiz). Bern.
1886	*Perisphinctes* cfr. *Frickensis*	Buk. (loc. cit.), p. 150, Taf. XXVIII (IV), fig. 7.

Les deux fragments d'Ammonites, dont l'un est pyriteux (fig. 3), et l'autre calcaire (fig. 2), que l'on voit représentés dans la Pl. v, ne pouvaient donner qu'une bien vague idée de l'espèce de Moesch, c'est-à-dire de l'*Am. Frickensis* ; j'ai donc pris le soin de faire figurer dans cette même planche l'échantillon de Bukowski (sous ses deux aspects fig. 4 et 5), avec lequel les deux miens se rapportent incontestablement, malgré leur mutilation et leur état de conservation médiocre.

P. Frickensis est caractérisé par ses tours étroits, aussi élevés que larges, peu embrassants, convexes sur les côtés, arrondis sur la région siphonale, se développant lentement et ornés d'assez nom-

---

[1] H. Joly et R. Douvillé. 1914. (Bull. des services de la carte géol. de la France, comptes rendus des Collaborateurs, feuille de Besançon, etc., divisions en zones des marnes à *Cr. Renggeri*, p. 93). Paris.

breuses côtes qui deviennent bifides non loin du contour externe et sont visiblement rejetées en arrière.

L'échantillon ayant servi de type à Moesch provient des couches de Birmensdorf (Birmensdorferschicten), tandis que celui de Bukowski a été recueilli dans l'Oxfordien inférieur ; cela peut paraître surprenant jusqu'à un certain point. Il n'en est pas moins vrai que *P. Frickensis* s'est rencontré dans notre région de l'Est dans les couches à *Cr. Renggeri* (comme cela s'est produit pour *Cr. crenatum*) et aussi dans l'Argovien.

J'ai, en effet, découvert (en 1915), à Andelot-en-Montagne (Jura), un échantillon calcaire de ce même *Perisphinctes* dans des couches à sphérites marno-calcaires où *Terebratula Andelotensis* Haas, *T. farcinata* H. Douvillé, etc., sont communes. Ces couches surmontent directement les marnes à *Cr. Renggeri*, peu fossilifères actuellement et recouvertes en de nombreux points par la végétation.

Le fragment pyriteux sort des marnières de Villers-sous-Montrond, qui ont fourni de temps immémorial, quantité de fossiles répandus à profusion dans les collections publiques ou privées de plusieurs de nos départements de l'Est.

L'espèce de Moesch doit être très rare partout ; il était donc important de la signaler à l'attention des paléontologistes franc-comtois, ne serait-ce que pour les encourager à poursuivre inlassablement leurs recherches dans nos terrains jurassiques.

N° 19. — Phylloceras Chantrei Munier-Chalmas, sp.

Pl. v, fig. 6 à 13.

Synonymie :

1880	*Ammonites Chantrei*	L. Collot. Descr. géol. des env. d'Aix-en-Provence, p. 66. Montpellier.

DIMENSIONS :

	I	II	III	IV
Dimensions	25 $^{m/m}$	21 $^{m/m}$	17 $^{m/m}$	13 $^{m/m}$
Hauteur	0,60	0,61	0,58	0,61
Epaisseur	0,36	0,38	0,41	0,38
Ombilic (très réduit)				

D'heureuses circonstances m'ont fait découvrir ce joli *Phylloceras* dans le Doubs et la Haute-Saône où il est rarissime ; son véritable

[1] Les n°ˢ I et II (Pl. v, fig. 6 et 7), de l'ancienne collection Gevrey, qui font actuellement partie de celles de l'université de Grenoble (Faculté des

habitat est l'Ardèche, aux environs de la petite ville de la Voulte-sur-Rhône : il y est abondant par place et se rencontre habituellement avec *P. Riazi* P. De Loriol [1].

Munier-Chalmas, pendant un de ses voyages d'étude dans le midi de la France, avait eu l'occasion de recueillir le *Phylloceras* en question, se contentant de le dédier à M. Chantre, de Lyon, sans toutefois le décrire, ni le faire figurer.

L. Collot est la seule personne, à ma connaissance, qui ait donné une définition, trop succincte, il faut le dire, du *P. Chantrei*.

Voici ce qu'il en dit dans sa « Description géologique des environs d'Aix-en-Provence », p. 66.

« *Amm. Chantrei*, Mun. Chalmas, dans la coll. de la Sorbonne.

« Le type est attribué à la zone à *A. cordatus* de la Voulte et porte « de fines stries sur le dos.

« Mes échantillons sont petits ; ils portent un large méplat sur les « flancs, ce qui leur donne une grande ressemblance avec l'*A. Kuder-* « *natschi* qui les a précédés.

« Je n'y ai pas découvert de stries, la surface est parfaitement lisse. « Lobes des cloisons profondément découpés. »

Pour compléter cette diagnose un peu trop écourtée, je crois utile d'ajouter ce qui suit.

Coquille discoïdale, toujours de petite taille, comprimée, très étroitement ombiliquée ; spire composée de tours beaucoup plus élevés qu'épais, très embrassants, convexes sur la région siphonale.

Le méplat qui est une sorte de dépression circulaire équivalent à une diminution de la coquille, part de l'ombilic et se prolonge un peu plus loin que la moitié de la hauteur du dernier tour.

Certains exemplaires, longtemps exposés à l'air, paraissent entièrement lisses, mais mon ami, M. Gevrey, en a récolté de nombreux échantillons dans les environs de la Voulte où les marnes oxfordiennes sont puissamment développées : plusieurs de ces échantillons sont d'une grande fraîcheur ; sur quelques-uns, on distingue parfaitement les ornements consistant en stries très fines, plus fortes cependant sur le contour siphonal que sur le reste de la coquille.

Sciences), proviennent de l'Oxfordien des environs de la Voulte (Rompon) : ils m'ont été communiqués très gracieusement d'abord par M. Reboul, sur l'invitation de M. Kilian, puis par M. Gevrey lui-même, pour en étudier les cloisons ; le no III (fig. 3) a été recueilli par moi à Epeugney (Doubs) ; le no IV (fig. 4) à Authoison. Les deux derniers spécimens dans l'Oxfordien inf. également.

[1] P. DE LORIOL. 1898. Et. sur les Moll. et Brach. de l'Oxf. inf. du Jura bernois, p. 110, Pl. VIII, fig. 8-12 (Mém. de la Soc. paléont. suisse, vol. XXV). Genève.

La section des tours est ovale, assez comprimée sur les côtes, bien échancrée par le retour de la spire.

J'ai annoncé plus haut que l'ombilic était très étroit : il est plus juste de dire qu'il est réduit à un point.

La ligne suturale, assez profondément incisée, est divisée en sept lobes au moins. Lobe siphonal plus court, à peine plus large que le suivant, terminé par deux branches dont la terminale est la plus longue avec un petit rameau au-dessus ; lobe latéral supérieur, de largeur inégale, terminé par trois grandes branches dont l'externe est la plus étalée, la médiane étant la plus longue ; toutes les trois trifurquées ; lobe latéral inférieur plus étroit, plus court, de même composition, mais avec la branche du milieu plus pointue à son extrémité ; lobes auxiliaires de grandeur décroissante.

Selle ventrale, un peu plus large à la base que le lobe siphonal ; première selle latérale, plus de deux fois plus large que le lobe latéral supérieur, divisée en deux parties égales par un petit lobe accessoire relativement très long, grêle et pointu ; chaque partie terminée par des phyllites arrondis, l'externe paraissant en porter deux et l'interne trois. La selle suivante, un peu moins large, constituée de la même façon, mais dépassant le niveau de la première ; les autres, au nombre de quatre visibles et de cinq au plus, situées sur la même ligne et allant en décroissant jusqu'à la dernière.

La ligne radiale, partant du lobe siphonal, coupe l'extrémité des deux dernières branches du lobe latéral supérieur, passe sous les trois premiers lobes accessoires et rejoint le dernier à l'orifice de la cavité ombilicale [1].

Rapports et différences.

P. Chantrei a de l'analogie avec *P. Riazi*, du même niveau ; mais ce dernier est plus globuleux, ses flancs sont tout à fait lisses et ne comportent pas de méplat.

Il est voisin aussi de l'*Am. suboblusus* Kudernatsh [2] ; seulement l'espèce de Swinitza a la région siphonale plus élargie ; les flancs sont plus creusés, si je puis m'exprimer ainsi ; l'ombilic est moins étroit et les plis d'accroissement n'existent que sur la moitié externe de la coquille.

[1] L'analyse de la ligne suturale du *P. Chantrei* a été faite à l'aide d'un bon échantillon de la Voulte que M. le Dᵣ Rollier a fait agrandir tout exprès pour moi, à Zurich, après en avoir dessiné les lobes et selles (Pl. v, fig 12 et 13). J'ai eu recours aussi à un autre excellent échantillon provenant du Callovien de Joyeuse (Ardèche).

[2] KUDERNATSH. 1851. Die Ammoniten V. Swinitza, p. 7, Taf. II, fig. 1-3 (Abhandl. der K. K. geol. Reich., Bd, i, abth. 2). Wien.

Loc. Authoison (Haute-Saône), niveau à *Quenstedticeras Lamberti* :
un seul échantillon pyriteux ; Epeugney (Doubs), niveau à *Quenstedticeras præcordatum* : un autre échantillon unique, également pyriteux. Ma collection.

La même espèce a été rencontrée à Aix-en-Provence (Bouches-du-
Rhône), par L. Collot ; à Saint-Ambroix (Gard), par MM. P. De Brun
et Roman ; à la Voulte-sur-Rhône. par de nombreuses personnes, n
dehors de celles déjà citées ; aux Vans (Ardèche), par M. P. De Brun :
à Joyeuse (même département), par M. Gevrey et par moi.

Partout ce *Phylloceras* s'est montré de petite taille, avec les mêmes
caractères.

N° 20. — Taramelliceras cfr. Minax Bukowski, sp. [1].

Pl. v, fig. 14 à 19.

Synonymie :

| 1886 | *Oppelia minax* | Buk. Ueb. die Jurabild. V. Czenstochau in Polen, p. 105 (31), Taf. XXV (I),fig. 1, Bd. v (loc. cit.). |

DIMENSIONS

	I Epeugney	II Epeugney	III Villers
Diamètre	23 $^{m/m}$	25 $^{m/m}$	27 $^{m/m}$
Hauteur	0,60	0,60	0,59
Epaisseur	0,39	0,40	0,41
Ombilic (très étroit).			

M. Joly et R. Douvillé, ainsi que je l'ai annoncé plus haut, à
propos de la division en zones des marnes à *Cr. Renggeri*, ont signalé
cette belle espèce de *Taramelliceras*, en 1894 [2]. dans l'Oxfordien infé -
rieur du Doubs, à Montrond, localité située entre les deux gisements
importants de Villers-sous-Montrond et Epeugney.

Bien avant cette époque, j'en avais découvert un échantillon à
Villers et l'avais simplement rapporté au *T. episcopale* P. De Loriol [3],
malgré l'observation du savant professeur Bayle, de la Sorbonne, à

---

[1] Le genre *Taramelliceras* a été créé par D. Campagna, en 1903. Faunula
del Giura superiore di Collalto di Solagno, Bassano (Bull. Soc. géol. ital.
XXIII, 239-269, 1 Pl.).

[2] JOLY et R. DOUVILLÉ. 1894 (loc. cit.). p. 93.

[3] P. DE LORIOL. 1898 (loc. cit.), p. 45, Pl. IV, fig. 1-6, t. XXV.

qui j'avais communiqué ma trouvaille. Il considérait celle-ci comme
très intéressante, en m'engageant à poursuivre mes recherches.

Pour lui, ce n'était point l'*Am. oculatus* Bean. si répandu dans
l'Oxfordien inférieur dont P. De L. a fait son *T. episcopale*, mais bien
une forme spéciale, caractérisée par les gros tubercules de l'extrémité de la loge.

Du moment où il est reconnu que *T. minax* et celui qui va suivre
existent bien dans l'Oxfordien inférieur de l'Est de la France, je me
crois autorisé à les comprendre dans mon travail.

T. minax est une coquille discoïdale, un peu plus comprimée peut-
être que *T. episcopale*, non carénée, formée de tours plus élevés que
larges. très embrassants et croissant rapidement.

Les ornements sur les flancs sont peu en saillie et ne diffèrent pas
sensiblement des *T. Heimi* et *Richei* P. De Loriol [1] ; ils consistent en
côtes rayonnantes, fines et flexueuses, qui partent de l'ombilic, se
bifurquent ou se trifurquent vers le milieu de la hauteur du dernier
tour, puis gagnent le pourtour externe où elles s'unissent par deux ou
par trois à un tubercule assez fort, saillant, arrondi en dessus. Ces
tubercules n'existent pas, du reste, sur tout le pourtour externe ; ils se
remarquent principalement (sur mes échantillons) à l'extrémité du
dernier tour qui ne comprend qu'une partie de la loge (Pl. v,
fig. 14, 15 et 17).

Loc. Montrond (Doubs) : récoltes de M. Joly et de R. Douvillé
Arc-sous-Montenot, Epeugney et Villers-sous-Montrond (même département) : 4 exemplaires pyriteux, dont le plus typique, fig. 14, porte
quatre gros tubercules, mais auquel il manque le milieu du dernier
tour. Ma collection.

N° 21. — Taramelliceras Pseudoculatum Bukowski, sp.

Pl. v, fig. 20, 21.

Synonymie :

1886 *Oppelia pseudoculata* Buk. (loc. cit.), p. 115 (41), Taf. XXV
(I), fig. 11-12.

Il m'a paru indispensable de mentionner cette autre espèce de
Taramelliceras qui a été recueillie également dans les couches à
Cr. Renggeri du Doubs par M. Joly et R. Douvillé, en 1914 [2].

Comme je n'ai pas rencontré cette Ammonite dans les nombreuses

[1] P. DE LORIOL. 1898 (loc. cit.), p. 48, Pl. IV, fig. 7-11 ; et p. 52, Pl. IV, fig.
13-16.
[2] JOLY et R. DOUVILLÉ, 1914, (loc. cit.), p. 94.

courses que j'ai exécutées soit à Tarcenay, soit à Epeugney ou à Villers-sous-Montrond, etc., je serai bref en ce qui concerne sa diagnose.

La coquille paraît très globuleuse, d'après les figures de Bukowski [1] ; formée de tours épais, très convexes sur les flancs, arrondis sur la région siphonale et très embrassants. En dedans, les côtes, à l'inverse de celles de *T. minax*, sont moins fines, plus flexueuses, plus espacées ; leur force croît en approchant du pourtour externe, où, certaines d'entre elles (groupées par 2 ou par 3) donnent naissance à un tubercule peu saillant, allongé dans le sens de la spire. Indépendamment de ces tubercules très clairsemés et que l'on ne remarque guère que sur la dernière loge, on en voit d'autres sur la partie médiane de la région siphonale ; ceux-là sont très petits, arrondis et serrés : ce sont plutôt des granulations.

L'ombilic est très étroit, assez enfoncé ; la section des tours ovalaire et très échancrée.

Le degré de fréquence de cette variété de *Taramelliceras* n'est pas indiqué ; tout ce que j'en sais, c'est qu'elle a été trouvée à l'état pyriteux, à Epeugney, dans la zone moyenne à *Quenstedticeras Lamberti* avec *T. episcopale* et *Perisphinctes bernensis* P. De Loriol ; *Peltoceras athletoïdes* Lahusen, etc.

ARGOVIEN

N° 22. — Cardioceras Tenuiserratum Oppel sp.

Pl. vi, fig. de 1 à 11.

1863	*Ammonites tenuiserratus*	Oppel Ueb. jurass. Cephal. (loc. cit.), p. 200, n° 61, Tab. 53, fig. 2.
1866	— —	Oppel. Ueb. die zone des *Am. transversarius*, p. 281 (77), n° 36 (Geognost-Palæont. Beitr., erster Bd., Heft II). München.
1871	*Oppelia tenuiserrata*	Neumayr. Jura-Studien, IV. Die Vertret. der Oxford gruppe im östlich. Theile der mediterr. Prov. (Jahrb. d. d. K. K. Geol. Reich., vol. XXI, p. 366, Pl. xviii, fig. 6). Wien.

[1] BUKOWSKI. 1886 (loc. cit.), p. 105, Taf. XXV (I), fig. 11 et 12.

1881   *Amaltheus tenuiserratus*   Uhlig. Die Jurabild. der Umgeb. v.
Brünn, p. 148, Taf. XIII, fig. 1
(Beitr. zur Palæont. v. Oesterr
— Ungarn, etc., Bd. i). Wien.
1902 *Cardioceras tenuiserratum* P. De Loriol. Et. sur les Mollusques
et Brach., etc. (loc. cit.), p. 32,
Pl. ii, fig. 1-3, vol. XXIX.

DIMENSIONS [1]

	I	II	III	IV
Diamètre	10 $^{m/m}$	12 $^{m/m}$	22 $^{m/m}$	40 $^{m/m}$
Hauteur.	0,50	0,41	0,40	0,50
Epaisseur	0,40	0,37	0,31	?
Ombilic	0,35	0,33	0,36	0,30

Le fait d'avoir trouvé à Authoison, à la partie supérieure du gisement où l'Argovien manque, mais où l'on peut voir d'assez nombreux
débris de Chailles dont quelques-unes (plus entières) ont procuré des
restes de Crustacés du genre *Glyphæa* et de rares échantillons d'Ammonites (*Quenstedticeras præcordatum* R. Douvillé) ; le fait d'avoir
trouvé, dis-je, plusieurs exemplaires de *Cardioceras* ayant la plus
grande analogie avec *C. tenuiserratum* Oppel, m'a fourni l'occasion
de comprendre cette curieuse espèce au nombre de celles qui ont été
citées précédemment.

La coquille est assez renflée, carénée et de petite taille ; les tours,
presque aussi élevés qu'épais, croissent assez lentement ; ils sont
convexes sur les flancs, déclives près du pourtour externe, recouverts
sur moitié environ de la hauteur ; de l'ombilic, qui est assez ouvert et
profond, partent douze ou quinze côtes presque droites ou légèrement
inclinées en arrière, assez distantes l'une de l'autre ; vers le milieu des
tours, elles forment un tubercule peu prononcé ou se renflent simplement. De ce point, sur certains échantillons du Jura, partent deux
côtes secondaires, à peine marquées, qui produisent un léger bourrelet, arqué en avant. En regardant de très près, avec une loupe, on
voit surgir de ce bourrelet, près du pourtour externe, deux nouvelles
côtes très fines, falciformes, qui se terminent chacune par une dentelure. Ces dentelures forment un véritable cordon sur la carène qui est
un peu tranchante, mais non détachable.

Dans la figure d'Oppel, plusieurs de ces détails d'ornementation

[1] I a trait à un échantillon d'Authoison ; II à un sujet d'Andelot-les-Saint-
Amour (Jura); III à un exemplaire de Joyeuse (Ardèche); IV, à un autre de
Naves (même département). I et II sont pyriteux ; III et IV calcaires.

n'existent pas, cela peut tenir à la mauvaise conservation du fossile, ou bien à la négligence du dessinateur.

Ces détails sont plus apparents dans l'échantillon de Birmensdorf, canton d'Aargau (Suisse), représenté par Uhlig.

La section des tours est généralement anguleuse et un peu aiguë en avant ; elle est assez échancrée par le retour de la spire.

La ligne suturale n'est pas bien découpée ; le lobe siphonal est large et se termine par deux branches peu divergentes dont la terminale est la plus longue, avec un très petit rameau antérieur ; le lobe latéral supérieur est plus étroit, plus court que le précédent et trifurqué, mais irrégulièrement ; un seul lobe auxiliaire est visible.

Quant aux selles, elles sont plus larges que les lobes, surtout la selle latérale supérieure qui se trouve divisée en deux parties à peu près égales par un lobule accessoire, grêle et pointu.

La ligne radiale part de l'extrémité de la branche terminale du lobe siphonal et passe sous les autres lobes.

Loc. Authoison (Haute-Saône), plusieurs échantillons pyriteux, de très petite taille, non figurés dans la Pl. vi. Ma collection.

Nota. — P. De Loriol a signalé dans son Etude sur les Mollusques de l'Oxfordien supérieur et moyen du Jura lédonien, le *C. tenuiserratum*, à la Billode et au Mont-Rivel, près de Champagnole ; il est beaucoup plus commun (quoique de taille moindre) dans une autre localité du Jura, à Andelot-les-Saint-Amour où, à plusieurs reprises, notamment avec le Dr Rollier, j'en ai fait une abondante récolte. Il s'y trouve associé à un *Perisphinctes* (*P. bernensis* P. De Loriol) et à une *Oppelia* (*O.* voisine de *O. inconspicua*, du même auteur). On en verra trois groupes de 3 échantillons (sous les nos 1, 2, 3) dans la Planche vi.

Pour se procurer des exemplaires plus adultes (mais calcaires) de ce *Cardioceras* intéressant, il faut aller dans l'Ardèche, par exemple, à Joyeuse et aux Vans, où l'Argovien est puissamment développé, bien à découvert et particulièrement fossilifère.

Ce qu'il y a toutefois de regrettable, c'est que la plupart des fossiles qui sortent de ces deux derniers gisements ont seulement une de leurs faces en état de conservation à peu près convenable ; l'autre étant fortement encroûtée par une gangue calcaire qui ne permet pas de dégager l'échantillon.

Un dernier mot sur le *C. tenuiserratum*.

Il aurait peut-être été nécessaire, comme me l'avait suggéré M. A. De Grossouvre, de réviser complètement les *Cardioceras* de ce groupe qui comprend, à n'en pas douter, plusieurs variétés inhérentes aux milieux dans lesquels elles sont cantonnées ; il ne m'a pas été possible d'entreprendre ce travail délicat, pour la bonne raison que je ne dispose pas actuellement de matériaux suffisants.

Je veux cependant signaler plus bas un spécimen qui m'a semblé présenter des caractères bien différents de ceux d'Andelot, dans l'intérêt des personnes qui en découvriraient de semblables.

N° 23. — Cardioceras cfr. Tenuiserratum Oppel, var?

Pl. vi. fig. 12 et 13

DIMENSIONS

Diamètre	18 $^m/_m$
Hauteur	0,33
Epaisseur	0,27
Ombilic	0,44

Parmi les échantillons de *Cardioceras* recueillis à Authoison, j'ai séparé du *C. tenuiserratum* un spécimen qui m'a paru différer de ceux du Jura.

Il a bien une première rangée de petits tubercules sur le pourtour interne, seulement elle est plus rapprochée de l'ombilic ; le reste de la surface est lisse, ce qui est admis pour certains échantillons, mais le pourtour externe est beaucoup plus déclive et, au lieu d'une carène denticulée, on se trouve en présence d'une quille *très tranchante*, sans aucune dentelure.

De plus, l'ombilic est bien ouvert et plus superficiel et la ligne de suture plus grossièrement découpée.

S'agit-il ici d'une espèce nouvelle ? Je ne le crois pas, mais on pourrait en faire une variété.

Loc. Authoison, partie supérieure du gisement : un seul échantillon pyriteux dont l'avant-dernier tour est un peu endommagé. Ma collection.

N° 24. — Peltoceras sp.

Pl. vi, fig. 14 et 15.

DIMENSIONS

Diamètre	77 $^m/_m$
Hauteur	0,36
Epaisseur	?
Ombilic	0,42

Coquille comprimée assez largement ombiliquée, dont les tours ont leur plus grande épaisseur près du pourtour de l'ombilic ; presque aplatis sur la région siphonale, ils sont comprimés latéralement et portent des côtes épaisses, très saillantes, arrondies, séparées par un sillon assez profond.

Les plus rapprochées de l'ouverture sont un peu inclinées en arrière et les suivantes fortement renversées dans le même sens ; la bifurcation a lieu à une distance assez rapprochée de l'ombilic.

La section des tours est oblongue, comprimée sur les côtés ; les tours intérieurs ne sont pas visibles ; ils ne paraissent pas être beaucoup échancrés par le retour de la spire. La ligne suturale fait complètement défaut.

Loc. Ce *Peltoceras* a été découvert, il y a quelques années déjà, par mon confrère M. P. Poisot, économe de l'Hôpital Saint-Louis, à Paris, dans la grande carrière de Roche-sur-Vannon (Haute-Saône), exploitée de temps immémorial, actuellement abandonnée et distante d'environ 1.200 mètres du village.

La dite carrière, lieu dit « la Roche », est ouverte dans le Rauracien supérieur, d'après la notice publiée par M. Victor Maire, de Gray, en 1912[1] ; elle est formée de calcaires d'un blanc grisâtre, blanc cendré ou teintés de jaune crayeux, ou oolithiques, très fossilifères par place, suivant les couches disposées en bancs horizontaux.

Les fossiles les plus communs consistent surtout en Nérinées, Cérithes, Natices, Lucines, etc. ; mais M. Maire, qui a exploré maintes fois ce gisement, y a récolté aussi quelques Brachiopodes, des radioles d'Echinides, des Polypiers, des Algues et de rares Céphalopodes (*Oppelia* sp., *Perisphinctes* sp.).

C'est dans un calcaire blanc, légèrement teinté de jaune, compact, à cassure vive, qui occupe la partie la plus inférieure de la carrière, que M. Poisot a fait sa trouvaille aujourd'hui déposée à la Sorbonne (laboratoire géologique).

Comme la présence d'une Ammonite, du genre *Peltoceras*, dans le Jurassique supérieur de notre contrée, constitue un fait nouveau et assez remarquable, j'ai pensé qu'il pouvait être utile de le mentionner.

Grâce à l'obligeance de M. Poisot, j'ai pu d'abord avoir la communication de deux épreuves photographiques montrant bien : l'une, la face ventrale la mieux conservée du *Peltoceras* de Roche (Pl. vi, fig. 14) ; l'autre, la face dorsale (même Pl., fig. 15).

D'un autre côté, j'ai eu recours à l'aimable intermédiaire de M. A. Lanquine pour obtenir un moulage de cette même Ammonite, ce qui m'a permis d'en fixer les dimensions : elles ne sont pas rigoureusement exactes, vu l'état un peu défectueux du fossile.

---

[1] V. MAIRE. 1912. Coupe et faune du Rauracien sup. à Roche-sur-Vannon, Haute-Saône. (Extr. du Bull. de la Soc. grayloise d'Emulation). Gray.

M. Poisot se réserve de rechercher plus tard qu'elles sont les espèces qui peuvent accompagner le *Pettoceras* de Roche ; M. Maire en a bien indiqué un certain nombre dans sa notice : il conviendrait néanmoins de savoir dans quel ordre elles se sont présentées.

NOTA. — M. Lanquine ayant reconnu récemment l'existence du *Perisphinctes* aff. *virgulatus* Quenstedt[1], et du *P. cfr. birmensdorfensis* Moesch[2], parmi les Ammonites de la couche 5 de M. Maire, qui lui avaient été confiées pour la détermination, il s'ensuit que cette couche ainsi que celles qui suivent appartiendraient non pas au Rauracien supérieur, mais bien à l'Argovien.

ASTARTIEN

N° 25. — Holcostephanus (Perisphinctes) Trifurcatus Reinecke sp.

Pl. VIII, fig. 1, 2, 3, 4, 5.

Synonymie :

1818	*Nautilus trifurcatus*	Rein. Maris protog. Nautil. et Argon., etc., p. 75, n° 22, Tab. V, fig. 49-50. Coburgi.
1858	*Ammonites trifurcatus*	Qu. Der Jura (loc. cit.), p. 606, Tab. 75, fig. 1.
1887-88	— —	Qu. Die Amm. Schwab. Jura (loc. cit.), Bd. III, p. 987, Tab. 110, fig. 2 spécialement.

DIMENSIONS

Diamètre	75 $^{m/m}$
Hauteur	0,38
Epaisseur	0,30
Ombilic	0,36

Coquille discoïdale, comprimée dans son ensemble, moyennement ombiliquée. Spire composée de tours recouverts sur la moitié environ de la hauteur, convexes sur les flancs, déclives du côté externe, arrondis sur la région siphonale ; ornés sur le bord interne de côtes droites, assez courtes, tuberculiformes, épaisses, bien espacées l'une de l'autre, se divisant presque toutes en quatre autres côtes secon-

[1] QUENSTEDT. 1858. Der Jura, Weiss B , p. 593, Tab. 74, fig. 4. Tübingen.
[2] MOESCH. 1867. Der Aargauer-Jura, p. 291, Tab. I, fig. 3. Bern.

daires, à une assez petite distance de l'ombilic. Ces dernières sont fortes, saillantes, peu inclinées en avant sur le tiers du dernier tour (côté de l'ouverture), sensiblement droites sur les deux autres tiers.

Dans l'ombilic qui est profond, avec les bords assez élevés, on n'aperçoit pas les bifurcations. La section des tours est ovalaire, assez échancrée par le retour de la spire ; la ligne suturale fait défaut.

Cette belle et rare Ammonite, du niveau de Baden, est voisine de *Holcostephanus* (Perisphinctes) *Frischlini* Oppel sp. [1], qui s'en distingue par des côtes moins espacées, un ombilic plus étroit, des tours beaucoup plus embrassants, une ouverture plus ovale et plus échancrée, etc.

Pour la détermination correcte du sujet dont je viens de donner une courte description, j'ai eu recours aux conseils éclairés de M. le Dr Rollier qui connaît bien la faune de Baden ; j'ai pu examiner aussi un échantillon de grande taille provenant de Böhringen, c'est-à-dire de la station du Würtemberg dont fait mention Zieten dans « Versteinerungen Würtembergs », p. 4, où l'*Amm. trifurcatus* est assez rare.

Loc. Fresne-Saint-Mamès (Haute-Saône), un échantillon unique, calcaire, en bon état de conservation, recueilli derrière la gare actuelle, pendant les travaux de doublement de la voie ferrée (ligne de Gray à Vesoul), dans un calcaire blanc-jaunâtre, compact, à cassure conchoïde, où *Pholadomya* (Homomya) *hortulana* d'Orb., était assez commune, avec d'autres fossiles : *Astarte, Nucula, Pecten, Lima,* sp.

NOTA. — On trouvera une bonne coupe des terrains avoisinant la gare de Fresne-Saint-Mamès dans le « Système oolithique » de M. le Dr Albert Girardot, p. 244 : il y détaille avec un grand soin la succession des couches de l'Astartien au Virgulien compris.

N° 26. — Perisphinctes aff. Crussoliensis Fontannes sp.

Pl. VI, fig. 16, 17 ; Pl. VII, fig. 1, 2, 3 ; Pl. VIII, fig. 9 ; Pl. XI, fig. 1.

Synonymie :

| 1876 | *Ammonites crussoliensis* | Dum. et Fontannes. Descr. des Amm. de la zone à *Amm. tenuilobatus* de Crussol (Ardèche), p. 97, Pl. XIV, fig. 3 (Extr. des Mém. de l'Acad. de Lyon. t. XXI). Lyon. |

[1] OPPEL. 1863. Palæont. Mittheil. (loc. cit.), p. 238, n° 116.
P. DE LORIOL. 1878. Monogr. paléont. de la zone à *Amm. tenuilobatus* de Baden (fin), p. 88, Pl. XIV (Mém. de la Soc. paléont. suisse, vol. V.). Genève.

| 1877 | — (Perisphinctes) | - - | P. De Loriol. Monogr. paléont. des |

| 1877 | — (Perisphinctes) | - - | P. De Loriol. Monogr. paléont. des c. de la zone à *Amm. tenuiloba-tus* de Baden (loc. cit.), p. 53, Pl. ıv, fig. 6-8. |
| 1879 | *Perisphinctes crussoliensis* | | Font. Descr. des Amm. des calcaires du château de Crussol (Ardèche), p. 60, n° 9. Lyon. |

DIMENSIONS[1]

	I	II
Diamètre	75 m/m	230 m/m
Hauteur	0,30	0,29
Epaisseur	0,29	0,28
Ombilic	0,49	0,48

Cette espèce, d'une rareté presque aussi grande que la précédente, appartient au même niveau de Baden et se rattache à une forme que Fontannes a appelée *Am. crussoliensis*, pour rappeler la célèbre colline de Crussol (Ardèche) dont on aperçoit la gracieuse et imposante silhouette depuis l'esplanade de la ville de Valence (Drôme).

Elle a, avec cette forme, des caractères bien évidents et n'en diffère que par une ornementation plus serrée.

Mes deux échantillons proviennent de deux localités de l'arrondissement de Gray et se complètent l'un par l'autre.

Au diamètre de 75 millimètres (sujet jeune de Theuley-les-Lavoncourt), la coquille montre des côtes nombreuses, sensiblement rapprochées l'une de l'autre, très saillantes, un peu coupantes, fortement inclinées en avant et se bifurquant assez près du pourtour externe ; au diamètre de 230 millimètres (sujet adulte de Fresne-Saint-Mamès), les côtes, sans éprouver de modifications dans les premiers tours intérieurs, s'écartent alors progressivement, deviennent plus robustes ; en approchant de l'ouverture, ces mêmes côtes prennent un relief extraordinaire et sont séparées par des excavations profondes.

Les tours sont étroits, presque aussi hauts qu'épais, convexes sur les flancs et arrondis sur la région siphonale ; ils se recouvrent à peine sur le quart de leur hauteur, ne laissant pas voir le point de bifurcation des côtes.

L'ombilic est largement ouvert, assez profond, avec le bord arrondi. La section des tours est nettement ronde ; les cloisons sont invisibles sur mes deux échantillons, mais subsistent en partie sur ceux de **Dumortier** et **Fontannes**.

[1] I a été trouvé à Theuley-les-Lavoncourt (Haute-Saône) ; II à Fresne-Saint-Mamès (idem).

4

J'ai recueilli mon plus petit échantillon (Pl. vi, fig. 16) à Theuley-les-Lavoncourt (Haute-Saône), dans la carrière Joly, peut-être aujourd'hui comblée, où les calcaires blancs de l'Astartien étaient à découvert ; il était associé à *Pholadomya* (Homomya) *hortulana* D'Orb.; *Phol. multicostata* Agass., *Pleuromya tellina* (idem), *Natica hemisphærica* D'Orb., etc. Quant au spécimen adulte, il m'a été remis par le conducteur des travaux qui s'effectuaient sur la ligne de Gray à Vesoul.

D'après M. le Dr A. Girardot, la couche qui a fourni ces deux Ammonites est astartienne (p. 245, coupe n° 1, du « Système oolithique »), Paris ,1896.

Au-dessus de cette couche, vient le Ptérocérien avec *Pterocera Oceani* Delab., *Nerinea Gosæ* Roemer., *Pholadomya Protei* Defrance, *Ostrea solitaria* Sow. ; et, plus haut, le Virgulien riche, par endroit, en *Ostrea virgula* D'Orb., *O. bruntrutana* Thurm., *Terebratula subsella* Leym.

Ces différentes assises peuvent s'étudier, près de la gare de Fresne, à droite du chemin de fer (direction de Vellexon), et, à partir du pied de la colline plantée en vignes, jusqu'au sommet où d'assez nombreuses carrières ont été ouvertes pour l'extraction de la pierre mureuse.

KIMMÉRIDGIEN SUPÉRIEUR

(Virgulien)

N° 28. — Aulacostephanus Pseudomutabilis P. De Loriol sp.

Pl. vii, fig. 4, 5, 6.

Synonymie :

1847	*Ammonites mutabilis*	D'Orb. Pal. f^ise. Terr. jurass. (loc. cit.), p. 553, pl. ccxiv (non Sow.)
1872	— —	P. De Loriol, in P. de L., Royer et Tombeck. Descr. géol. et paléont. des Et. jurass. sup. de la Haute-Marne, p. 51, Pl. iii, fig. 7. Paris.
1874	*Ammonites pseudomutabilis*	P. De Loriol. Monogr. paléont. et géol. des Et. jurass. de la formation jurass. des env. de Boulogne-sur-Mer, p. 28, Pl. v, fig. 1-3. Paris.

1878   *Ammonites* (Hoplites) *pseudomutabilis* P. De Loriol. Monogr.
paléont. des c. de la zone à *Am,*
tenuilobatus (loc. cit.), p. 101.
Pl. xvi, fig. 2-3.

1910   *Am.*(Aulacostephanus) *pseudomutabilis* R. Douvillé. Quelques
remarques à propos du jeune des
Am. (Proplanulites)*mutabilis* Sow.,
et *Am.* (Aulac.) *pseudomutabilis* P.
De L. fig. 1 a, b, c (Bull. de la Soc.
géol. de France, t. X, ivᵉ série)
p. 296). Paris.

Le Kimméridgien (c. à *Ostrea virgula*) de la tranchée Bourdon, ligne ferrée de Gray à Vesoul, m'a fourni un échantillon d'Ammonite discoïdale que j'avais soumis à P. De Loriol et qu'il a rapporté à son *Am. pseudomutabilis* : c'est une forme fort rare dans nos départements de l'Est, aussi était-il utile d'en faire mention.

Mon échantillon, attribué à un jeune, est incomplet : il lui manque une partie du dernier tour et les tours intérieurs ont disparu pendant l'extraction ; néanmoins il est bien caractérisé par sa région siphonale où les côtes sont interrompues sur un espace relativement assez large, comme dans les *Parkinsonia* bathoniennes et les *Reineckeia* calloviennes, par exemple.

Le dernier tour, plus élevé qu'épais, est très aplati (par suite de compression) ; à peu de distance de l'ombilic qui n'est pas très ouvert, se voient de petits tubercules d'où partent deux côtes (rarement trois) : elles sont fortes, bien en relief et tendent à s'épaissir graduellement jusqu'à l'extrême bord externe.

Dans mon échantillon, les côtes ont l'air de se terminer par une pointe acérée, particularité qui n'existe pas dans les figures types que j'ai consultées : je ne peux l'expliquer que par un étirage (allongement) des côtes provoqué peut-être par une compression trop considérable ?

Am. (Proplanulites) *mutabilis* Sow. est voisin de l'espèce de P. De Loriol ; il s'en distingue toutefois par ses côtes non interrompues sur la région siphonale.

A propos de ce genre d'Ammonites dont la région siphonale est pourvue (ou non), en son milieu, d'une partie lisse, le colonel Jullien, que j'avais eu l'occasion de voir à Belfort et avec lequel j'avais continué à correspondre alors qu'il habitait Aix-en-Provence, m'avait fort intéressé par ses recherches et observations sur les formes mâles et femelles des Ammonites.

Il se plaisait à me dire que les Ammonites à côtes interrompues devaient ètre des mâles et que les formes à côtes non interrompues étaient, pour lui, des femelles.

Je ne conteste pas cette manière de voir, mais, de là, à une certitude complète, il y a peut-être encore loin !

En dehors du colonel Jullien, plusieurs auteurs se sont occupés du dimorphisme sexuel des Ammonites ; je citerai seulement deux des plus connus : Munier-Chalmas et le Dr Rollier. Ce dernier auteur, comme je l'ai indiqué plus haut, à propos du *Trimarginites Girardoti*,a publié, en 1913, dans les Archives des sciences physiques et naturelles de Genève, t. XXXV, une très intéressante Notice sur la question si délicate du dimorphisme sexuel des Ammonites.

Vesoul, 1er juillet 1917.

ÉTUDE

SUR

le Groupe des

PELTOCERAS TOUCASI et TRANSVERSARIUM

Par A. DE GROSSOUVRE

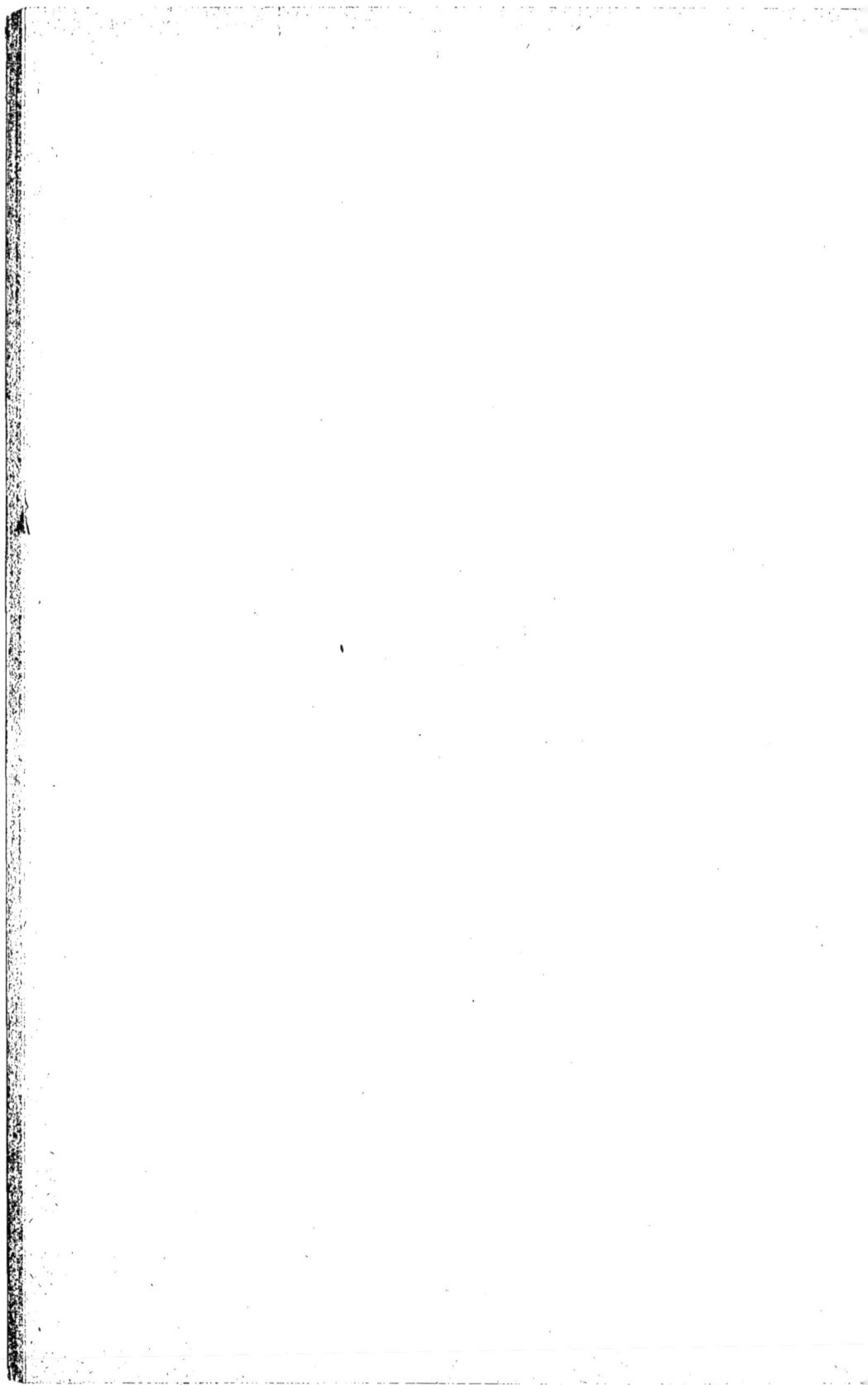

ÉTUDE

SUR

le groupe des

PELTOCERAS TOUCASI et TRANSVERSARIUM

Par A. DE GROSSOUVRE

J'AI déjà eu l'occasion de signaler [1] les différences notables qui existent entre les deux formes décrites et figurées presque simultanément par D'Orbigny et Quenstedt, formes considérées comme identiques par la plupart des géologues. Leur interprétation a donné lieu à d'assez nombreuses confusions qu'il semble utile d'éclaircir et c'est pourquoi je reviens ici sur cette question.

Comme point de départ de cette discussion, il est absolument nécessaire de se reporter aux types primitifs de ces espèces, c'est-à-dire aux ouvrages où ils ont été décrits et figurés pour la première fois ; il ne faut donc pas aller les rechercher dans les descriptions ultérieures soit des mêmes auteurs, soit d'autres paléontologistes, à moins que les premières définitions n'aient été insuffisantes pour les préciser suffisamment et, même dans ce dernier cas, il y a lieu d'examiner s'il n'y a pas désaccord avec les données précédentes.

Le type de l'*Am. Toucasi* a été figuré par D'Orbigny (1847) dans la Paléontologie française, Terrains jurassiques, Céphalopodes, Pl. 190, fig. 1 et 2 : la description est donnée p. 508 ; celui de l'*Am. transversarius* se trouve dans Quenstedt, Petrefactenkunde Deutschlands, Céphalopoden, p. 199, Pl. 15, fig. 12ª et 15ᵇ : l'échantillon pris comme type provenait de la partie tout à fait inférieure du Jura blanc de Birmensdorf.

Entre ces deux formes, il existe des différences suffisantes pour qu'on puisse les considérer comme deux espèces nettement distinctes : la forme des tours et leur ornementation sont tout à fait dissemblables. J'ajouterai que je ne connais pas d'échantillons intermédiaires.

Je dois faire ici une réserve : la description de D'Orbigny et sa

[1] 1888. A. DE GROSSOUVRE. Compte rendu de l'excursion du 4 septembre, de Saint-Amand à Châteauneuf-sur-Cher (Bull. de la Soc. géol. de France, IIIᵉ série, XVI, p. 11117).

figure ne concordent pas. Tandis que le texte dit « tours ornés en
travers de 28 côtes », la figure représente un échantillon dans lequel
on compte 45 côtes sur le dernier tour. Les dimensions sont aussi différentes : le diamètre de la coquille est de 78 millimètres, au lieu de
75 millimètres indiqués dans le texte ; la différence n'est pas grande,
mais elle le devient pour la longueur de l'ombilic donnée comme
étant de $\frac{19}{100}$, tandis que d'après la figure elle est de $\frac{44}{100}$; la longueur
et l'épaisseur du dernier tour portés comme étant de $\frac{14}{100}$ e $\frac{36}{100}$ sont
en réalité, d'après la figure, de $\frac{30}{100}$ et $\frac{32}{100}$.

Ce désaccord entre le texte et la figure semblerait indiquer que la
description et le dessin ont été faits d'après des échantillons différents.

M. Boule, professeur de Paléontologie au Muséum de Paris, a eu
l'amabilité de m'envoyer les moulages des échantillons qui se trouvent
dans la collection de D'Orbigny : ils sont en assez médiocre état, éti-
quetés comme provenant de Caussols, Var, aujourd'hui dans le département des Alpes-Maritimes. Ils ne correspondent pas non plus à
la Planche de la Paléontologie française.

Cependant je ne crois pas que la figure de D'Orbigny soit un produit
de pure imagination, ou bien une reconstitution plus ou moins exacte,
car je possède un échantillon qui correspond exactement à cette figure.

Une quarantaine d'années après la création de son espèce, Quens
tedt a donné de nouvelles figurations de l'*Am. transversarius* (1887-
1888, Die Ammoniten des Schwäbischen Jura, Pl. xcxi) : elles ne
peuvent être admises que si elles concordent bien avec le type primitif.

La fig. 26 (échantillon de Weisser Jura de Birmensdorf) est la reproduction de celle donnée dans les Cephalopoden (Pl. xv, fig. 12) La
fig. 28 (échantillon de Zillhausen), qui paraît un peu systématique,
pourrait peut-être se rapporter encore à ce même type, mais la fig. 29
(échantillon de Lautlingen) se rapprocherait plutôt de l'*Am. Toucasi*.

En 1871, Neumayr (Jurastudien (Zweite Folge). Jahrbuch d. K. K.
geol. Reichsanstalt, Bd. xxi, p. 368, Pl. xix, fig. 1-3) a figuré, sous le
nom de *Perisphinctes transversarius*, trois échantillons qui paraissent
se rapporter à des formes plutôt voisines.

En 1896, De Loriol a figuré dans son Etude sur les Mollusques et
Brachiopodes du Jura bernois (Mém. de la Soc. pal. Suisse, t. XXIII,
Pl. iii, fig. 5), sous le nom de *Peltoceras transversarium*, un fragment
que l'on peut rapprocher aussi du type de D'Orbigny.

Dans sa belle Monographie (1898) des couches à *Peltoceras trans-*

versarium de Trept (Isère), M. De Riaz a représenté, sous le nom de *Pelloceras transversarium*, deux échantillons : l'un pl. xix, fig. 1, d'Optevoz (Isère), l'autre, fig. 2, de Lupieu (Ain), qui me paraissent bien différents du type primitif de Quenstedt, tandis que ceux des fig. 3 et 4 s'y rapportent au contraire très nettement.

En 1906, H. Salfed a publié dans le N. Jahrbuch f. Min... Bd. i, une Monographie des deux types de D'Orbigny et de Quenstedt, sous le titre de Beitrag zur Kenntnits d. *P. Toucasi* D'Orb. und *P. transversarium* Qu. : il y figure toute une série d'échantillons.

Celui de Zillenhausen, Pl. xix, fig. 1ᵃ⁻ᵈ, qu'il rapporte à *P. Toucasi* me paraîtrait plutôt devoir être rattaché à l'espèce de Quenstedt, en raison de l'allure de ses côtes : la seule différence que l'on pourrait invoquer pour contredire cette attribution, serait la forme trapézoïdale moins accentuée de la section des tours, mais ce caractère varie dans un même échantillon, d'un tour à l'autre, et n'a aucune valeur spécifique.

La fig. 2 de cette même Planche représente un très petit échantillon assez mal défini.

L'échantillon de Frickthal, Pl. x, fig. 3, se rattache au même type que ceux figurés par M. De Riaz, Pl. xix, fig. 1 et 2.

Quant à l'échantillon de la Sierra-Nevada, fig. 4 de la même Planche, je le réunirais volontiers à celui de l'Oxfordien de Palerme (Sicile) (Pl. xii, fig. 11), en raison de leurs côtes presque droites, peu rejetées en arrière : ils doivent probablement être rattachés à *P. Fouquei* Kilian.

H. Salfeld a figuré de nouveau l'original du type de Quenstedt pour l'*Am. transversarius* (Pl. xi, fig. 6) : on voit qu'en réalité les côtes ne sont pas absolument rectilignes, comme l'indiquent les figures de Quenstedt, mais qu'elles sont légèrement arquées. Il rapporte à cette même espèce un fragment de Buchberg près Schaffouse (Pl. xi, fig. 7) et un échantillon de Grossweil sur le Kochelsec (Alpes bavaroises) (Pl. xi, fig. 10). Comme je viens de le dire, il y a lieu d'y rattacher aussi l'échantillon qu'il a figuré Pl. ix, fig. 1.

Enfin, dans un Mémoire relativement récent, M. Joh. Neumann[1] a décrit un *Pelloceras* des couches à *Am. cordatus* (p. 50, Pl. vii, fig. 21, 22 et 23), sous le nom de *P. af. Toucasianum* qui est certainement assez éloigné de cette espèce par ses côtes droites, à peine rejetées en arrière; cette forme ainsi que celle désignée sous le nom de *P. trigeminum* ne paraissent constituer que des variétés du *P. arduennense* D'Orb. sp.

[1] 1907. Dr Joh. Neumann. Die Oxfordfauna von Ceteckowitz Beitr. z. Pal. und Geol. Osterreich-Ungarns und Des Orients. Bd xx, Heft. I.

Peltoceras Lorioli nov. sp.

Pl. ix, fig. 1 à 6 ; Pl. xi, fig. 28.

Cette nouvelle espèce se distingue par son ombilic relativement étroit, par la forme de ses tours et par leur ornementation.

L'épaisseur de la coquille croît progressivement, à partir de l'ombilic, jusque vers le milieu de la hauteur des tours, puis décroît jusqu'au bord externe qui est nettement convexe.

Les côtes, au nombre de 20 à 25 sur le dernier tour, sont saillantes, presque tranchantes. Elles naissent sur le bord de la suture ombilicale, partent avec un léger rejet en arrière, puis se dirigent vers l'avant pour se rejeter fortement en arrière en décrivant une courbe dont le sommet de la convexité se trouve dans la région où la coquille possède sa plus grande épaisseur, c'est-à-dire aux environs de la moitié des tours. Là, un peu surélevées, elles se bifurquent presque toutes régulièrement. Cependant quelques-unes, en plus ou moins grand nombre suivant les échantillons, peuvent rester simples. Parfois une côte s'intercale sur le bord externe. Les échantillons de Villers-sous-Montrond (fig. 5) et d'Epeugney (fig. 1, 2, 3), montrent une nouvelle bifurcation des côtes secondaires au voisinage du bord externe : cette bifurcation se produit sur la côte secondaire d'arrière.

Cette seconde bifurcation est une rareté dans les échantillons d'Arc-sous-Montenot et de Reynel.

L'échantillon de Reynel montre que les premiers tours sont lisses.

Cloisons très découpées (voir Pl. xi, fig. 3). Lobes latéraux à terminaison trifide : le premier lobe latéral un peu moins profond que le lobe siphonal ; second lobe latéral très court. Première selle bifide.

Cloisons dessinées par M. H. Douvillé d'après l'échantillon de Reynel.

Gisement. — Je ne connais que quatre échantillons de cette espèce provenant des marnes de l'Oxfordien inférieur, dites marnes à *Creniceras Renggeri*, et des localités suivantes : Villers-sous-Montrond, Epeugney, Arc-sous-Montenot (Doubs), collection Petitclerc ; et de Reynel (Haute-Marne), ma collection.

La présence de cette espèce à cet horizon est intéressante, parce qu'elle rappelle d'une part le *P. reversum* du Callovien et qu'elle constitue ainsi une forme intermédiaire entre cette espèce et le *P. Toucasi* de l'Oxfordien supérieur.

DIMENSIONS DES ÉCHANTILLONS EXAMINÉS

	Epeugney	Villers	Arc-sous-Montenot	Reynel
Diamètre total	23 m/m	16 m/m	16 m/m	20 m/m
— de l'ombilic . . .	0,26	0,31	0,25	0,30
Extrémité du dernier tour :				
Hauteur à partir de la suture.	0,47	0,50	0,43	0,45
Plus grande épaisseur. . .	0,34	0,37	0,37	0,45
Nombre de côtes sur le dernier tour	22	22	25	20

Peltoceras Marioni nov. sp.

Pl. IX, fig. 7.

Coquille à ombilic de grandeur moyenne ; tours retombant normalement dans l'ombilic, assez épais ; dans l'adulte la plus grande épaisseur est au voisinage de l'ombilic ; les flancs sont presque plats ; la section des tours est sensiblement quadrangulaire, l'épaisseur sur le bord externe étant très légèrement inférieure à l'épaisseur près de l'ombilic.

Les côtes sont étroites, sans être tranchantes ; elles partent, parfois par paires, d'un point situé sur le bord de l'ombilic, se dirigent vers l'avant, puis se rejettent en arrière en décrivant une courbe très fortement convexe vers l'avant ; elles passent sur le bord externe avec un léger sinus dirigé vers l'arrière. Une partie des côtes se bifurque à mi-hauteur des flancs.

La convexité des côtes sur la partie interne des flancs est de plus en plus prononcée du commencement du dernier tour jusque vers son extrémité.

Ce caractère permet de distinguer cette espèce des autres de ce groupe chez lesquelles la convexité des côtes va au contraire en décroissant avec l'âge.

Cloisons non visibles.

Gisement. — Oolithe ferrugineuse de l'Oxfordien moyen de Talant, près de Dijon. Un seul échantillon examiné qui m'avait été donné par M. Eugène Marion : celui-ci avait réuni à Daix une importante collection des fossiles de Talant, collection renfermant encore plusieurs autres échantillons de cette intéressante espèce, forme représentative du groupe du *P. Toucasi* dans l'Oxfordien moyen.

DIMENSIONS DE L'ÉCHANTILLON EXAMINÉ

Diamètre total	60 $^{m/m}$
— de l'ombilic	0,43
Extrémité du dernier tour :	
Hauteur à partir de la suture.	0,38
Plus grande épaisseur.	0,35
Nombre de côtes principales sur le dernier tour.	36

Peltoceras Toucasi D'Orbigny sp.

Pl. ix, fig. 8.

Je prends comme type de l'espèce de D'Orbigny les figures de la Pl. 190 de la Paléontologie française, Terrains jurassiques, Céphalopodes, en écartant la description du texte.

C'est une espèce analogue à la précédente, caractérisée comme elle par la forme presque rectangulaire de ses tours et par ses côtes très nombreuses ; leur courbure sur les flancs est beaucoup moins prononcée et elles passent normalement, presque rectilignes, sur le bord externe.

Le dernier tour, dont un peu plus de la dernière moitié correspond à une partie de la loge d'habitation, montre un changement assez notable dans l'ornementation : les côtes y deviennent beaucoup plus saillantes que sur les tours précédents.

Cloisons peu visibles, la coquille étant recouverte de Bryozoaires : elles paraissent bien se rapporter au dessin des cloisons donné par Salfeld.

Gisement. — Partie inférieure des marnes à Spongiaires (Oxfordien supérieur) de Bengy-sur-Craon (Cher). Un seul échantillon, ma collection. Un échantillon de Lupieu (Ain), collection de M. De Riaz.

DIMENSIONS DE L'ÉCHANTILLON FIGURÉ

Diamètre total	82 $^{m/m}$
— de l'ombilic	0,37
Extrémité du dernier tour : hauteur à partir	
de la suture	0,39
Plus grande épaisseur	0,34
Nombre de côtes principales sur le dernier	
tour.	40

Pour le petit échantillon de Lupieu, on a :

Diamètre total . . . .   40 $^{m/m}$
   —   de l'ombilic   0,40
Hauteur.   0,39
Epaisseur   0,39
Nombre de côtes principales.   33

Peltoceras Transversarium Quenstedt sp.

Pl. ix, fig. 9, 13 et 14 ; Pl. xi, fig. 31, 32.

Le type de cette espèce est l'échantillon de Birmensdorf figuré par Quenstedt en 1847-1849, Cephalopoden, Pl. 15, fig. 12 ; mais cette figure, trop schématique, est inexacte. Il faut se reporter à la figure donnée ultérieurement (1906) par Salfeld, Pl. xi, fig. 6, pour avoir une bonne représentation de ce type. En particulier, on voit que les côtes ne sont pas absolument droites, mais légèrement arquées.

Cette espèce est caractérisée par la forme de ses tours et l'allure de ses côtes.

La section des tours est de forme trapézoïdale bien accusée chez l'adulte : le bord externe est méplat et l'épaisseur de la coquille y est notablement inférieure à celle du bord de l'ombilic, environ les $\frac{2}{3}$ de celle-ci.

Les côtes sont légèrement arquées, convexes vers l'avant ; la courbure est constante sur toute leur étendue, c'est-à-dire qu'elles peuvent être considérées comme sensiblement constituées par un arc de cercle. Cette allure est très caractéristique, car dans toutes les autres formes de ce groupe les côtes, à leur départ sur le bord de l'ombilic possèdent une courbure qui contraste avec celle de la partie qui se prolonge jusqu'au bord externe : sur ce dernier, elles passent en décrivant un léger sinus vers l'arrière.

Les fig. 3 et 4, Pl. xix, de M. De Riaz, donnent aussi une bonne figuration de cette espèce.

Des marnes à Spongiaires de Pamproux (Deux-Sèvres), zone à *Ochetoceras canaliculatum*, j'ai un échantillon de petite taille qui présente déjà les traits caractéristiques de l'espèce ; il n'a que 25 millimètres de diamètre. Son bord externe est convexe, mais son épaisseur n'est guère que la moitié de celle près de l'ombilic. Les côtes, rejetées en arrière, sont faiblement arquées : sur l'une des faces, on en observe deux groupes de trois partant du même point sur le bord de l'ombilic. Quelques rares côtes sont bifurquées à mi-hauteur des flancs. On peut observer une singularité qui se répète sur chacune des faces : à chacune des branches de bifurcation correspondent sur l'autre flanc des côtes simples.

J'ai un autre échantillon (Pl. ix, fig. 9) provenant des couches à
Ocheloceras canaliculatum de Frontenay-sur-Dive (Vienne); il correspond bien à la fig. 4 de M. De Riaz.

Les flancs sont sensiblement plans; les côtes partent, tantôt
uniques, tantôt par paires, du bord de l'ombilic. Un certain nombre
d'entre elles se bifurquent vers le tiers extérieur des flancs, ou bien
une petite côte s'intercale à cette hauteur. Ce cas se présente rarement
dans l'échantillon type de Birmensdorf et dans ceux de M. De Riaz.
Dans celui de Frontenay, on voit alterner assez régulièrement une
côte simple et une côte bifurquée.

Les côtes sont sensiblement régulières sur toute leur longueur, sauf
sur le contour externe où elles s'épaisissent un peu : elles y décrivent
un léger sinus vers l'arrière.

Dans l'échantillon fig. 3 de M. De Riaz, les côtes forment une légère
saillie sur le bord de l'ombilic; leur épaisseur et leur saillie sont aussi
plus prononcées sur le contour externe. Les flancs sont légèrement
concaves vers l'extrémité du dernier tour et les côtes y deviennent
presque rectilignes.

Gisement. — Oxfordien supérieur de Trept (Isère), de Frontenay-
sur-Dive (Vienne) et Pamproux (Deux-Sèvres).

DIMENSIONS DES ÉCHANTILLONS EXAMINÉS

	Trept	Frontenay	Pamproux
Diamètre total	68 $^{m/m}$	66 $^{m/m}$	25 $^{m/m}$
— de l'ombilic . . .	0,47	0,39	0,36
Extrémité du dernier tour, hauteur à partir de la suture.	0,32	0,33	0,32
Plus grande épaisseur . . .	?	0,33	?
Nombre de côtes.	?	32	33

Peltoceras Riazi nov. sp.

Pl. ix, fig. 10, 11 et 12; Pl x, fig. 15 à 17; Pl xi, fig. 27, 29.

J'ai pu étudier les variations de cette espèce à ses divers stades de
développement, grâce à la série assez nombreuse d'échantillons que
j'ai examinés.

Dans les échantillons de petite taille, la section des tours est semi-
ovalaire avec retombée assez brusque dans l'ombilic.

Les premiers tours jusque vers un diamètre de 8 à 10 millimètres
sont lisses; il est à remarquer que pour ce caractère, le groupe que

j'étudie se différencie nettement de celui des *P. annulare, torosum, arduennense*, etc.

La coquille s'orne ensuite de côtes assez fines qui, à leur départ sur le bord de l'ombilic, commencent par décrire une courbe fortement convexe vers l'avant, puis se rejettent très obliquement en arrière et passent sur le bord siphonal en dessinant un sinus très prononcé.

Quelques-unes d'entre elles partent par paires d'un point situé sur le bord de l'ombilic ; en général le plus grand nombre se bifurquent un peu au-dessus de la mi-hauteur des flancs ; dans un petit échantillon de Pamproux de 23 millimètres de diamètre, je compte sur le dernier tour 23 côtes sur le bord de l'ombilic. Dans un échantillon de Joyeuse (Ardèche), que je dois à l'obligeance de M. Gevrey, j'en compte 26 au diamètre de 35 millimètres.

A un stade ultérieur, les flancs s'aplatissent peu à peu en convergeant vers l'extérieur et le bord siphonal tend à devenir méplat, de sorte que la section des tours prend la forme trapézoïdale : les côtes restent toujours sinueuses, mais leur convexité sur le bord de l'ombilic s'atténue progressivement. Le nombre des côtes augmente et peut s'élever jusqu'aux environs de 33 par tour.

Les côtes se montrent sur la paroi ombilicale sous forme de plis peu accentués, normaux au plan de symétrie de la coquille, se surélèvent fortement sur le bord de l'ombilic, s'atténuent dans la région médiane des flancs, d'une manière bien marquée, dans l'échantillon de Trept (Pl. ix, fig. 10) et assez peu dans l'échantillon de Dijon (Pl. x, fig. 15), puis s'accentuent peu à peu en arrivant sur le bord externe où elles deviennent fortement saillantes et peu épaisses.

Vers la fin de ce stade, les flancs commencent à se déprimer un peu dans la région médiane, de sorte que la section des tours est limitée latéralement par deux lignes légèrement concaves.

Au fur et à mesure que la coquille croît, la sinuosité des côtes diminue et celles-ci tendent à devenir simplement arquées, mais sans avoir la régularité de courbure que montrent celles du *P. transversarium* : d'ailleurs, à taille égale, les côtes de ce dernier sont toujours plus raides et, dans les derniers tours de la coquille adulte, elles tendent à devenir presque rectilignes, comme le montre la fig. 3, Pl. xix, de M. De Riaz.

La distinction des deux formes est donc toujours facile.

Cette espèce doit atteindre une taille considérable, car l'échantillon de l'Oolithe ferrugineuse, de Dijon, qui a 105 millimètres de diamètre, montre des cloisons jusqu'à l'extrémité du dernier tour, ce qui prouve que, s'il était complet, il aurait certainement un diamètre supérieur à 150 millimètres.

Cloisons de forme massive. Lobes latéraux à terminaison en pointes :

le premier un peu plus long que le lobe siphonal; le second très court. Selles bifides, de forme générale quadrangulaire : la première très large.

Cloisons dessinées par M. H. Douvillé, d'après le petit échantillon complet de Pamproux.

Nota. — Les cloisons n'ayant pu trouver place ici, seront figurées dans la Pl. xi.

Gisement. — Oxfordien supérieur. Le grand échantillon de Talant, près de Dijon, est piqué de quelques grains d'Oolithe ferrugineuse, ce qui indique qu'il se trouve vers la limite de l'Oxfordien moyen et de l'Oxfordien supérieur. D'après la coupe donnée autrefois par Martin, il aurait donc son gisement à la base de l'Oxfordien supérieur; il occuperait là un niveau inférieur à celui du *P. transversarium* de Frontenay-sur-Dive.

Je ne suis pas en mesure de préciser le niveau dans l'Oxfordien supérieur des autres échantillons que j'ai examinés et qui comprennent :

3 échantillons de Joyeuse (Ardèche) qui m'ont été donnés par M. Gevrey.

2 échantillons de Pamproux (Deux-Sèvres).

7 échantillons du Bürer Steig, près de Monthal, Argovie (Suisse), collection de M. Petitclerc : ma collection.

(Je dois ces derniers à la générosité de mon excellent confrère.).

1 échantillon de la cluse de Chabrières, près de Norante (Basses-Alpes), ma collection.

3 échantillons de Trept (Isère), collection de M. De Riaz.

DIMENSIONS

	Pamproux		Dijon	Trept	
Diamètre total.	22 $^{m}/_{m}$	23 $^{m}/_{m}$	105 $^{m}/_{m}$	85 $^{m}/_{m}$	68 $^{m}/_{m}$
— de l'ombilic . .	0,38	0,32	0,40	0,37	0,42
Extrémité du dernier tour					
Hauteur.	0,40	0,39	0,36	0,35	0,34
Epaisseur près de l'ombilic	0,45	0,34	0,32	0,35	»
— près du bord ex-					
terne	»	»	0,20	0,21	»
Nombre de côtes	23	»	»	30	29

Peltoceras Romani nov. sp.

Pl. x, fig. 18 et 19.

Peltoceras transversarium   De Riaz (non Quenstedt), 1898, Description des couches à *P. transver-*

Peltoceras transversarium   *sarium* de Trept (Isère), p. 52,
Pl. xɪx, fig. 1 et 2.

Cette espèce, dont les côtes ont la même allure que dans les échantillons de taille moyenne de l'espèce précédente, s'en distingue parce que à une taille déjà importante, comme dans l'échantillon de la fig. 1, la section est restée ovale, tandis que dans l'autre espèce, parvenue au même degré de développement, elle est devenue trapézoïdale. De plus les côtes, plus espacées, sont moins nombreuses ; on en compte seulement 24 à 25 sur les deux échantillons figurés par M. De Riaz.

Gisement. — Oxfordien supérieur.

Nous avons donc une série d'espèces qui, au point de vue de leur répartition dans le temps, semblent se classer de la manière suivante; je dis semblent, car il y a quelques espèces pour lesquelles je n'ai pas une certitude complète sur le niveau de leur gisement.

P. Fouquei Kilian, Rauracien.

P. transversarium Qu. sp. Oxfordien supérieur, partie supérieure.

P. Toucasi D'Orb. sp., Oxfordien supérieur, partie inférieure.

P. Riazi nov. sp.   idem

P. Romani nov. sp.   idem

P. Marioni nov. sp. Oxfordien moyen.

P. Lorioli nov. sp. Oxfordien inférieur.

P. reversum Leckenby sp. Callovien moyen.

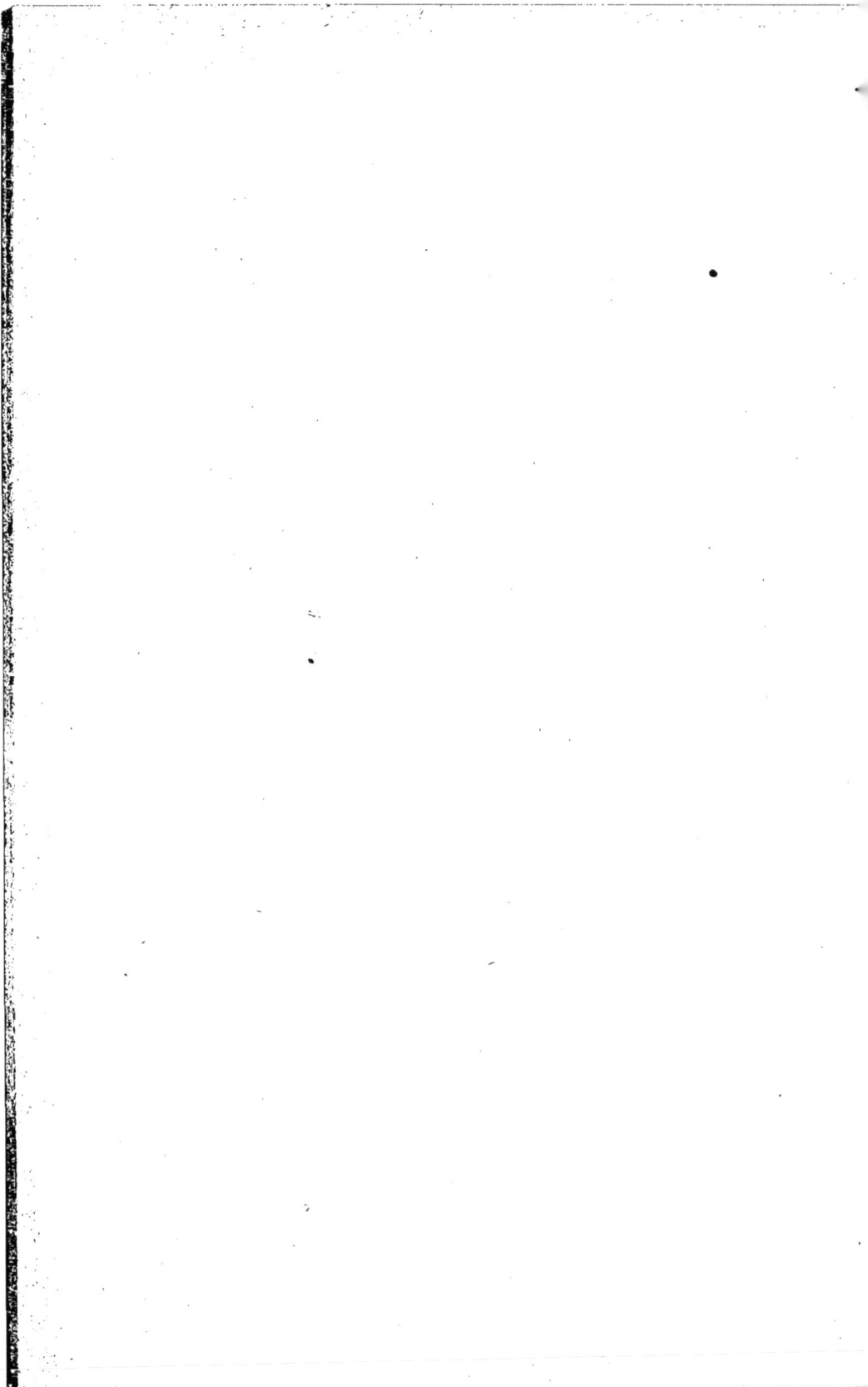

ÉTUDE

SUR

L'AMMONITES FRAASI et quelques REINECKEIA
d'Authoison (Haute-Saône)

Par A. DE GROSSOUVRE

ÉTUDE

SUR

L'AMMONITES FRAASI et quelques REINECKEIA

d'Authoison (Haute-Saône)

Par A. DE GROSSOUVRE

Collotia Fraasi Oppel sp.

Pl. x, fig. 20 à 23.

L E nom d'*Ammonites Fraasi* a été proposé, pour la première fois, par Oppel, en 1857[1], pour des échantillons de la zone à *Am. athleta* du Würtemberg provenant d'Oeschingen, au sud de Tübingen et de Lautlingen près Balingen : il en donna alors une courte description qu'il compléta en 1863, en figurant 3 échantillons[2], sans d'ailleurs rien y ajouter.

De celle-ci, il convient de retenir qu'il signale dans le plus grand échantillon qu'il a vu, ayant 5 pouces de diamètre, l'existence d'une bouche avec oreillettes, à bords parallèles et à extrémité convexe.

Les trois échantillons figurés par Oppel présentent entre eux des différences qui pourraient permettre de créer, si on le voulait, trois espèces distinctes. Mais il est préférable, je crois, d'admettre une certaine variabilité de l'espèce et de conserver le même nom spécifique pour eux et pour ceux dont je vais parler.

Toutefois, il semble bien que cette espèce avec celle qui a été décrite sous le nom de *Peltoceras angustilobatum* par M. Brasil[3], et qui doit être au contraire rapprochée des *Reineckeia* comme l'a montré Collot[4] constituent un petit groupe qui, tout en présentant d'assez grandes

[1] OPPEL. Juraformation, p. 556.
[2] OPPEL. Ueber jurassische Cephalopoden, p. 154, Tab. 48, fig. 4, 5 et 6.
[3] BRASIL. Les genres *Peltoceras* et *Cosmoceras* dans les couches de Dives (Bull. Soc. géol. de Normandie, t. XVII, p. 6).
[4] COLLOT. 1905. Feuille des jeunes naturalistes, IVᵉ série, 35ᵉ année, n° 422, p. 26.

affinités avec les *Reineckeia anceps, Rehmanni, Douvillei*, etc., s'en distingue cependant par certains caractères : par l'ornementation des jeunes qui se compose de côtes fines, d'ordinaire non tuberculées sur le bord de l'ombilic, et celle des adultes où apparaissent deux rangées de tubercules sur les flancs, ce qui donne à la coquille l'apparence de certains *Hoplites* néocomiens. Il paraît donc utile de distinguer ce groupe par un nom générique spécial et je proposerai celui de *Collotia* en mémoire de notre regretté confrère, professeur de géologie à l'Université de Dijon.

Les *Collotia Fraasi* débutent par un stade coronatiforme, dans lequel la section des tours, très déprimée, est de forme trapézoïdale, la largeur étant de beaucoup supérieure à la hauteur.

Ce stade ne persiste pas longtemps : la hauteur des tours augmente rapidement et leur section prend une forme ovale, un peu allongée dans le sens du plan diamétral, alors que dans les *Reineckeia* du Callovien moyen et supérieur, à ce degré d'évolution, la hauteur est encore notablement supérieure à la largeur.

L'ornementation est aussi plus fine : les côtes partant du bord de la suture ombilicale dans une direction presque radiale se surélèvent progressivement jusqu'au point de bifurcation situé au sommet de la paroi ombilicale; pour chaque côte ombilicale, il n'y a que deux côtes externes, rarement trois, comme cela arrive chez la plupart des *Reineckeia* [1].

Les tubercules du bord de l'ombilic disparaissent à partir d'un diamètre assez petit et les côtes restent en général simples à partir de ce moment. Quelques-unes seulement se bifurquent à une petite distance de la suture ombilicale.

A un stade ultérieur, apparaissent de distance en distance de petites épines sur le bord de la paroi ombilicale, desquelles partent trois côtes externes : ces côtes sont souvent irrégulièrement saillantes.

Puis, au dernier stade connu, se montrent sur le bord de l'ombilic de gros tubercules dont la base se prolonge en s'atténuant près de l'ombilic, et qui se relient par un bourrelet large et peu saillant à d'autres tubercules situés sur le bord externe des flancs : cette rangée externe est moins saillante que la rangée interne.

La hauteur des tours dans l'adulte est à peu près égale à la largeur : les flancs sont peu convexes et retombent dans l'ombilic par une large courbure; le bord interne est nettement et régulièrement convexe.

[1] Cependant, dans les figures d'Oppel, il y a 3 et même 4 côtes externes pour une côte ombilicale : le dessin est-il exact ?

Les côtes sont interrompues sur le milieu du bord externe où elles arrivent normalement en laissant entre elles une étroite bande lisse sur laquelle elles ne font qu'une très légère saillie.

Sur les premiers tours, jusqu'à un diamètre de 65 millimètres, existent des strictions au nombre de 3, rarement de 4 par tour : elles sont un peu infléchies vers l'avant et limitées sur leurs deux bords par une arête légèrement saillante ; trois côtes partant du bord sipho nal viennent butter contre l'arête arrière.

Les divers échantillons que je possède : deux de Laufen (Würtemberg), Pl x, fig. 22 et 23 ; un de la Grimaudière (Vienne) fig. 20 et 21 ; et un quatrième de Montreuil-Bellay (Maine-et-Loire), montrent une variabilité assez grande au cours de leur développement.

Sur l'un des échantillons, fig. 22, de la première provenance, les côtes deviennent simples à une taille très petite et restent simples, non tuberculées jusqu'à l'extrémité, au diamètre de 35 millimètres.

Sur l'autre échantillon, fig. 23, les tubercules persistent jusqu'au diamètre d'environ 25 millimètres, et, de ces tubercules, partent parfois 3 côtes.

Sur l'échantillon de la Grimaudière, fig. 20, 21, on ne voit pas les premiers tours, mais seulement ceux ornés de côtes simples. On y aperçoit des tubercules à des distances irrégulières et avec une saillie variable : ils sont au nombre de 1, 2, puis 3 dans la partie des tours comprise entre deux strictions consécutives ; de chacun d'eux, descend sur la paroi ombilicale une côte qui va en s'atténuant et disparaît avant d'atteindre la suture, et partent deux ou trois côtes externes.

Puis apparaissent près du contour externe des tubercules reliés à ceux du bord de l'ombilic par un large bourrelet ; des tubercules externes se détachent deux ou trois côtes.

Entre deux paires de tubercules, se trouvent 3 ou 4 côtes radiales simples, qui prennent naissance à la hauteur de la rangée interne de tubercules et vont en grossissant régulièrement jusqu'à l'étroite bande lisse siphonale : ces côtes sont bien arrondies.

Sur le demi dernier tour de cet échantillon qui a 90 millimètres de diamètre, on compte 8 paires de tubercules : la loge d'habitation commence 3 centimètres avant l'extrémité du dernier tour (sur la face non représentée), l'intervalle entre les deux cloisons précédentes étant d'environ 2 centimètres.

La distance assez grande qui sépare ces deux dernières cloisons indique que cet échantillon n'avait pas encore atteint sa taille définitive.

En effet, le quatrième échantillon que je possède, provenant de Montreuil-Bellay et qui n'est pas entier, a 123 millimètres de diamètre et montre des cloisons assez distantes jusqu'à l'extrémité du dernier tour, c'est-à-dire n'est pas encore arrivé à son complet développement.

Cette espèce atteignait donc une taille assez considérable et il serait possible que son ornementation soit modifiée dans son dernier stade de croissance.

ÉCHANTILLONS EXAMINÉS

	de Laufen I	II	de la Grimaudière
Diamètre total	34 m/m	36 m/m	90 m/m
Diamètre de l'ombilic	0,38	0,35	0,51
Hauteur à l'extrémité du dernier tour (prise à partir de la suture).	0,38	0,36	0,30
Epaisseur à l'extrémité du dernier tour	0,32	0,35	0,31

Il est à remarquer que le bord de l'ombilic qui, dans les premiers tours, suit les tubercules ombilicaux, s'en écarte ensuite peu à peu, ce qui fait que, dans les échantillons de grande taille, l'ombilic est relativement beaucoup plus large que dans ceux de petite taille.

Tous les échantillons examinés proviennent de la zone à *Peltoceras athleta* où ils sont accompagnés par diverses espèces de *Reineckeia* dont les unes ne paraissent pas différer de celles du Callovien moyen et dont les autres constituent des espèces nettement nouvelles. On y trouve aussi *Peltoceras annulare, Cosmoceras Duncani*, divers *Perisphinctes*, nov. sp., etc.

NOTA. — M. P. Petitclerc a recueilli à Authoison, au-dessous des marnes à *Quenstedticeras Lamberti*, une série d'échantillons de *Reineckeia* de petite taille (Pl. x, fig. 24, 25, 26).

Ils ne paraissent pas pouvoir être considérés comme de jeunes *Collotia Fraasi*; par comparaison avec des échantillons de taille voisine, on voit que leur ornementation est plus forte, leurs côtes moins radiales et moins droites. Leur section est restée trapézoïdale, avec une épaisseur supérieure à la hauteur, alors que chez les autres elle est déjà ovale.

Ces échantillons d'Authoison doivent donc être rapportés à quelques-unes des espèces de *Reineckeia* qui existent dans le Callovien supérieur à *Peltoceras athleta*, mais dont l'étude n'a pas encore été faite[1].

[1] Il y a donc lieu de supprimer de la liste des espèces fossiles d'Authoison, que j'avais donnée en 1883, dans le bulletin de la Société d'agriculture, sciences et arts de la Haute-Saône, les échantillons attribués, à tort, à l'*Am. Fraasi*. Observation de M. P. Petitclerc.

TABLE DES MATIÈRES

TABLE DES MATIÈRES

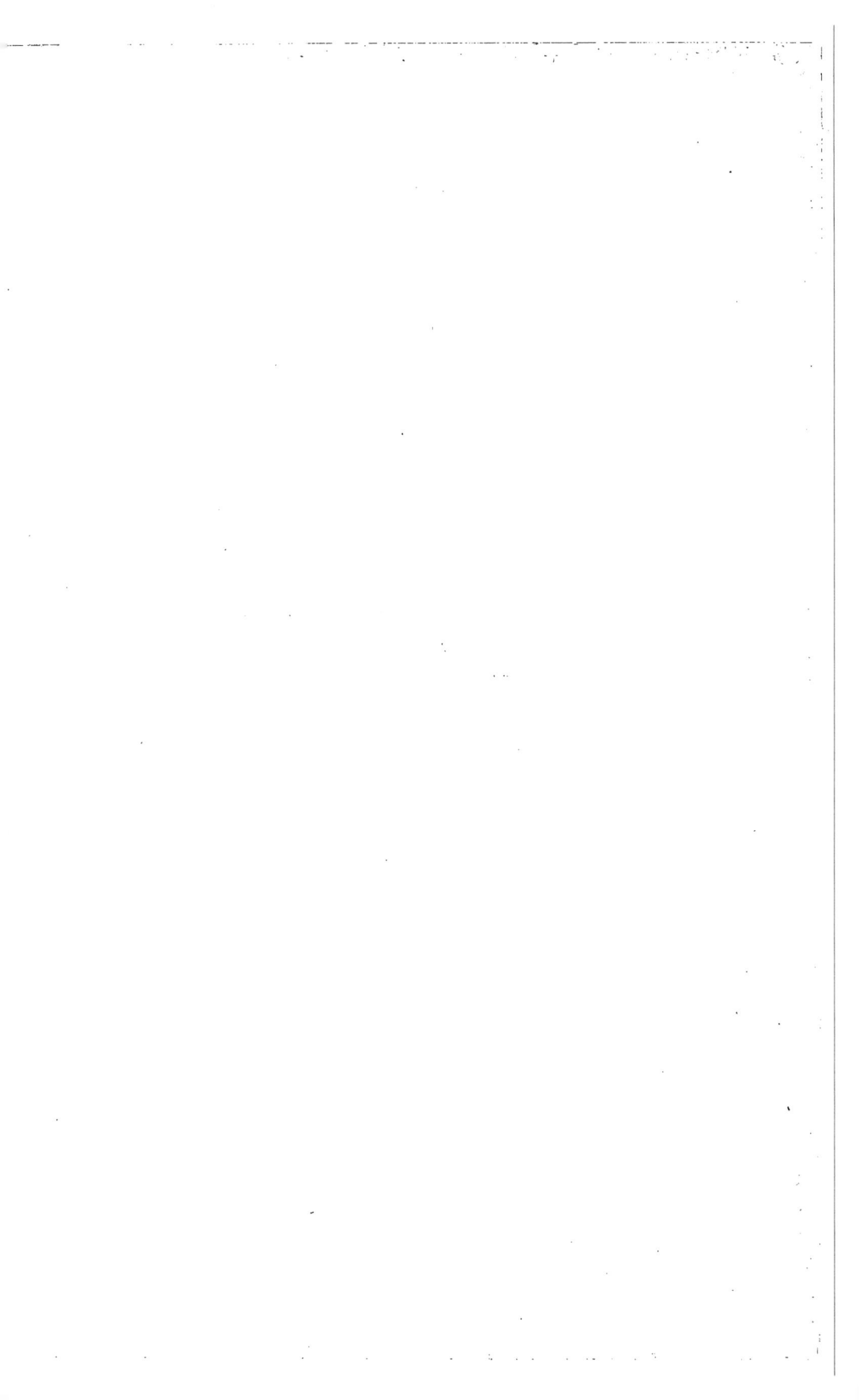

A. DE GROSSOUVRE & P. PETITCLERC

ATLAS

CONTENANT

ONZE PLANCHES DE FOSSILES

Avec leur Explication.

1916-1917

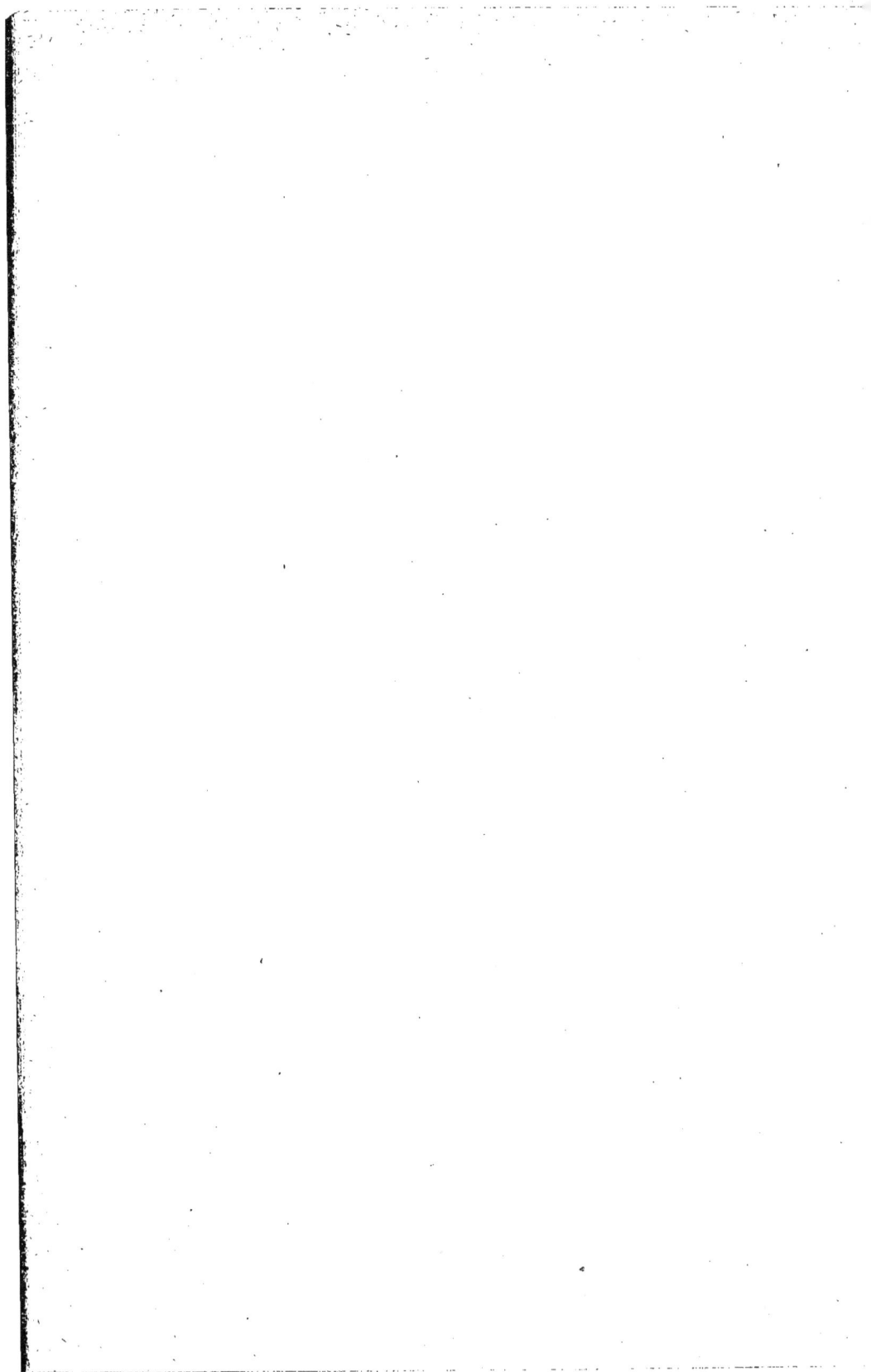

PLANCHE

I

Explication de la Planche I[1]

[1] A moins d'indication contraire, tous les échantillons compris dans les Planches 1 et suivantes sont représentés de grandeur naturelle.

P. PETITCLERC. — Fossiles nouveaux, rares ou peu connus
de l'Est de la France.

Pl. I

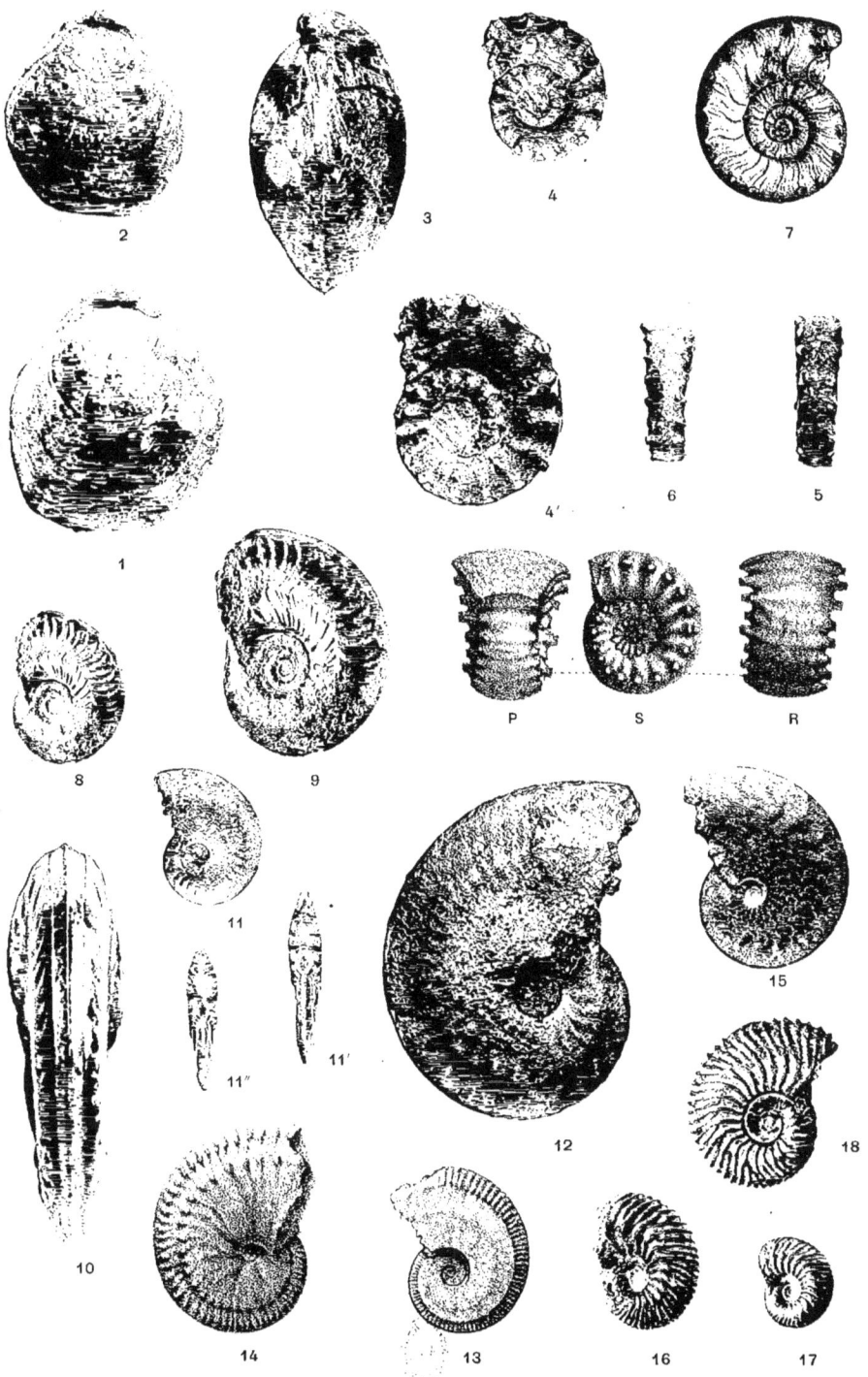

Clichés P. Petitclerc.

Phototypie Catala frères, Paris.

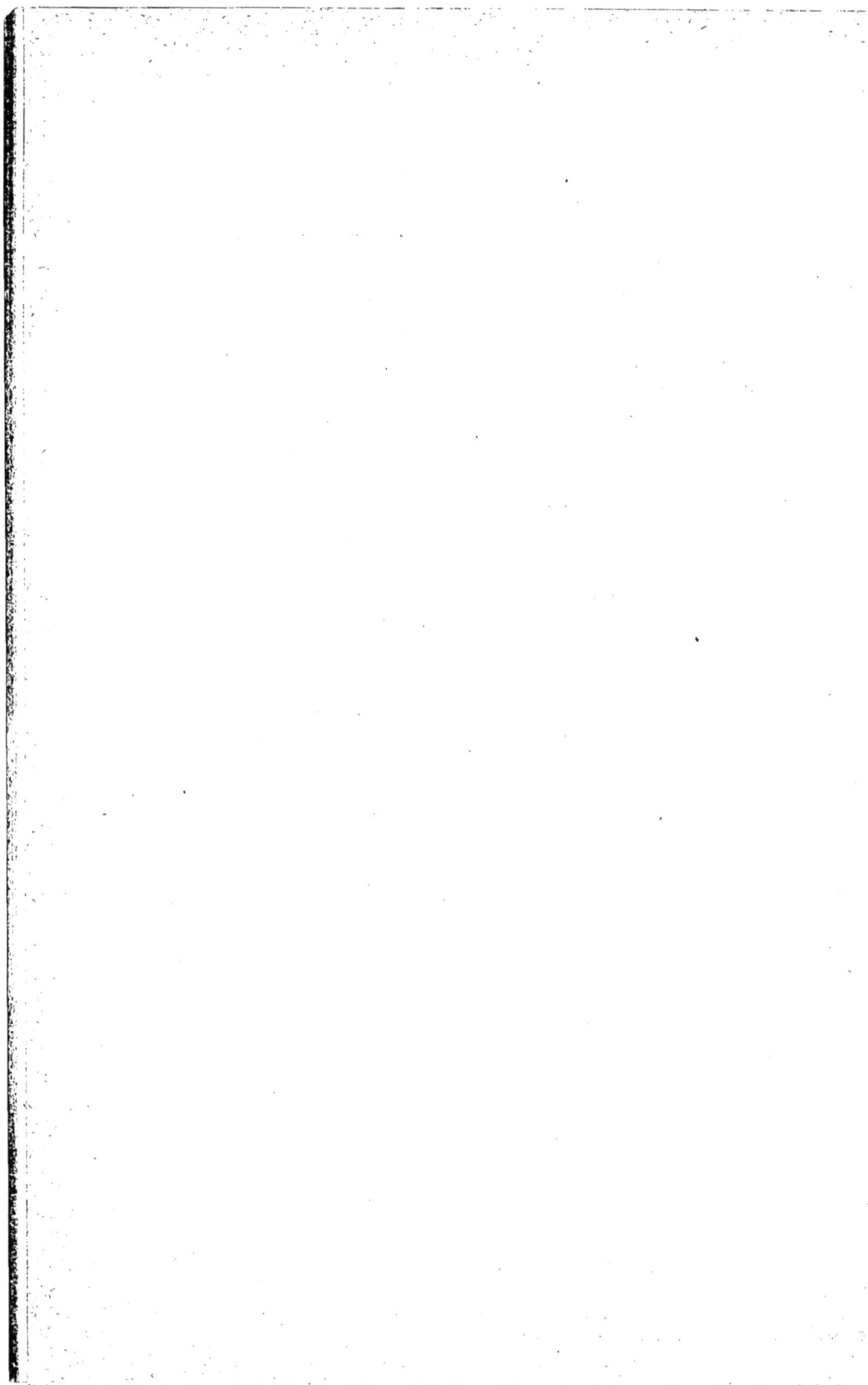

PLANCHE

II

Explication de la Planche II

P. PETITCLERC. — Fossiles nouveaux, rares ou peu connus
de l'Est de la France.

Pl. II

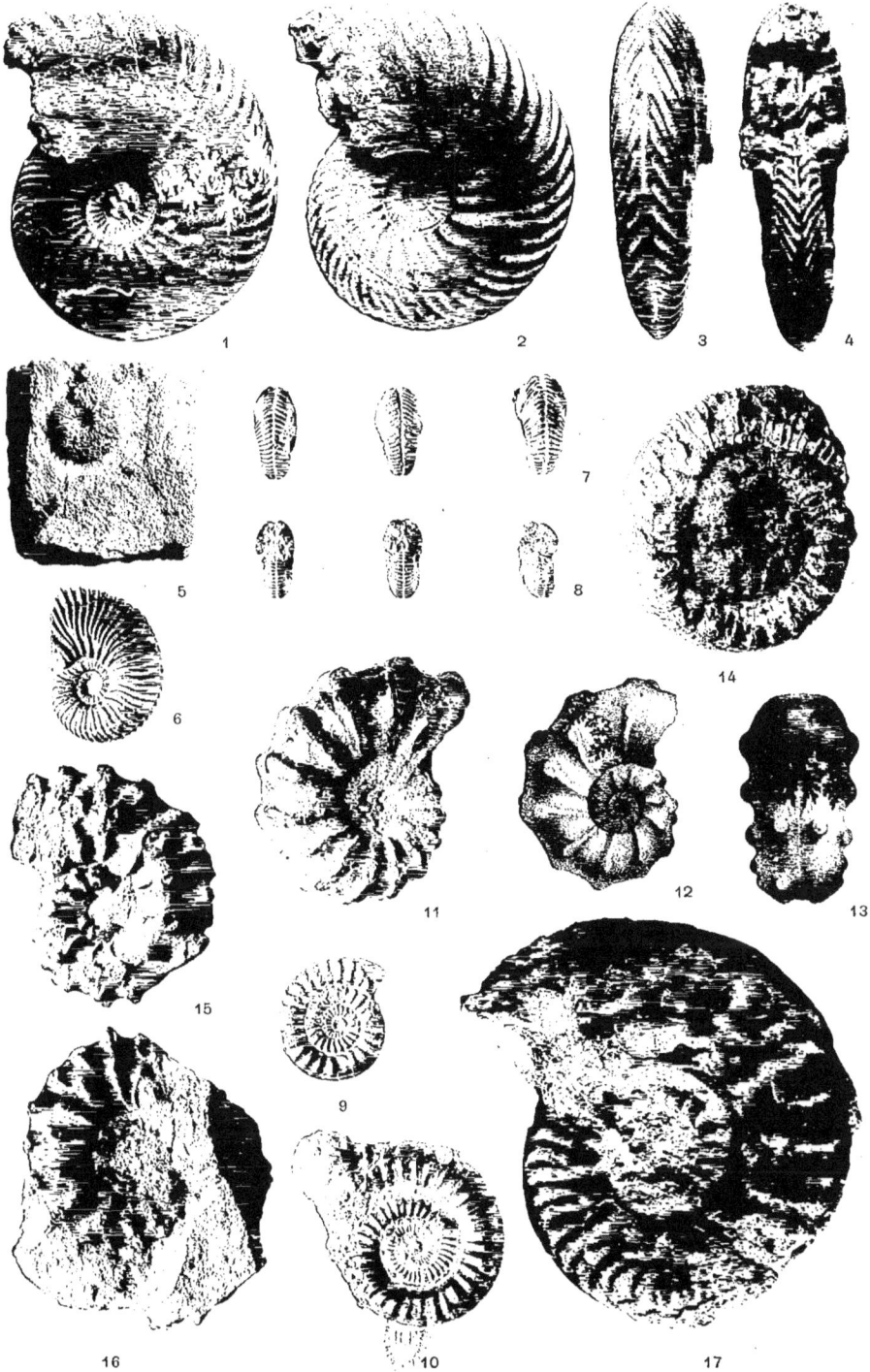

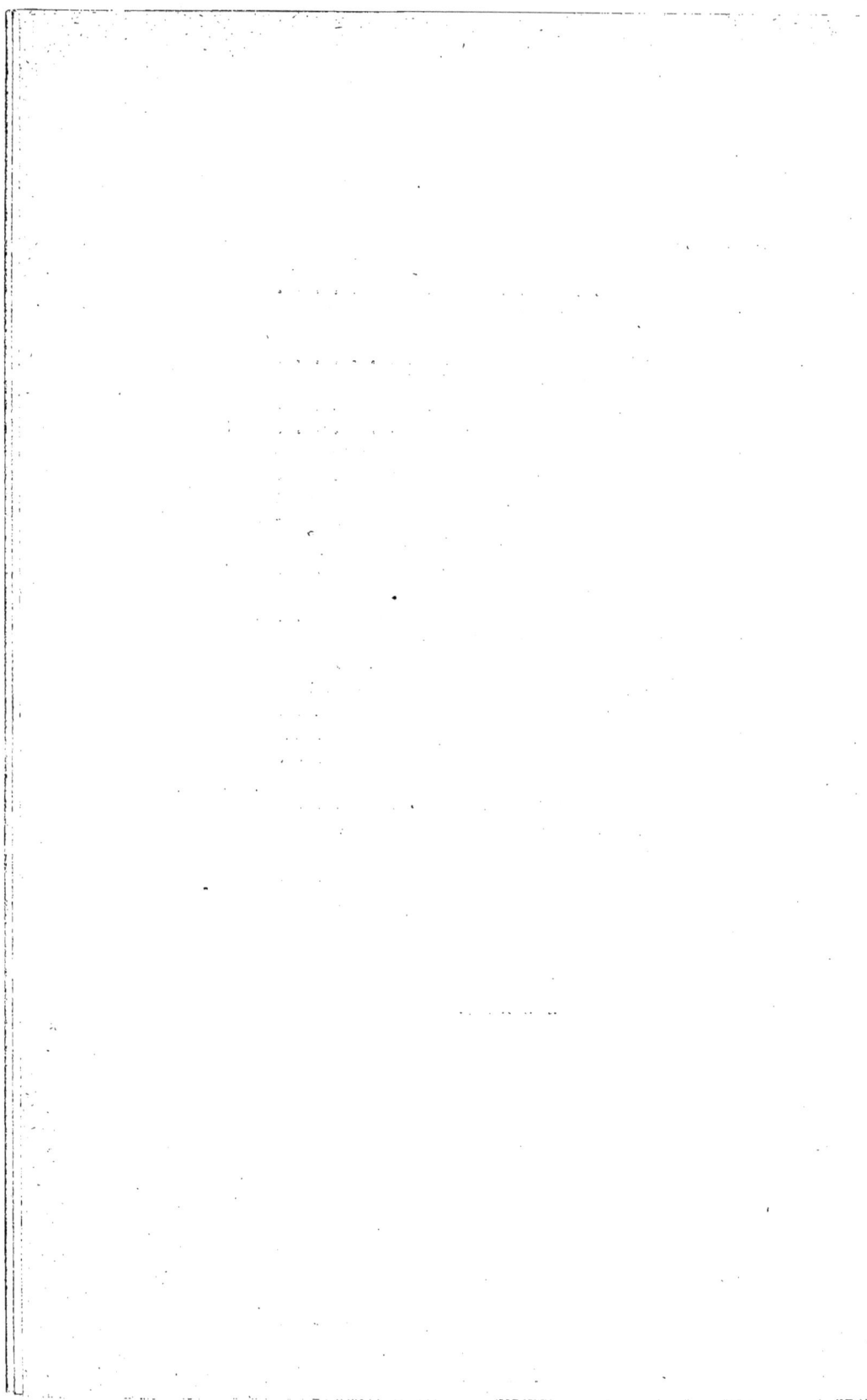

PLANCHE

III

Explication de la Planche III

P. PETITCLERC. — Fossiles nouveaux, rares ou peu connus
de l'Est de la France.

Pl. III

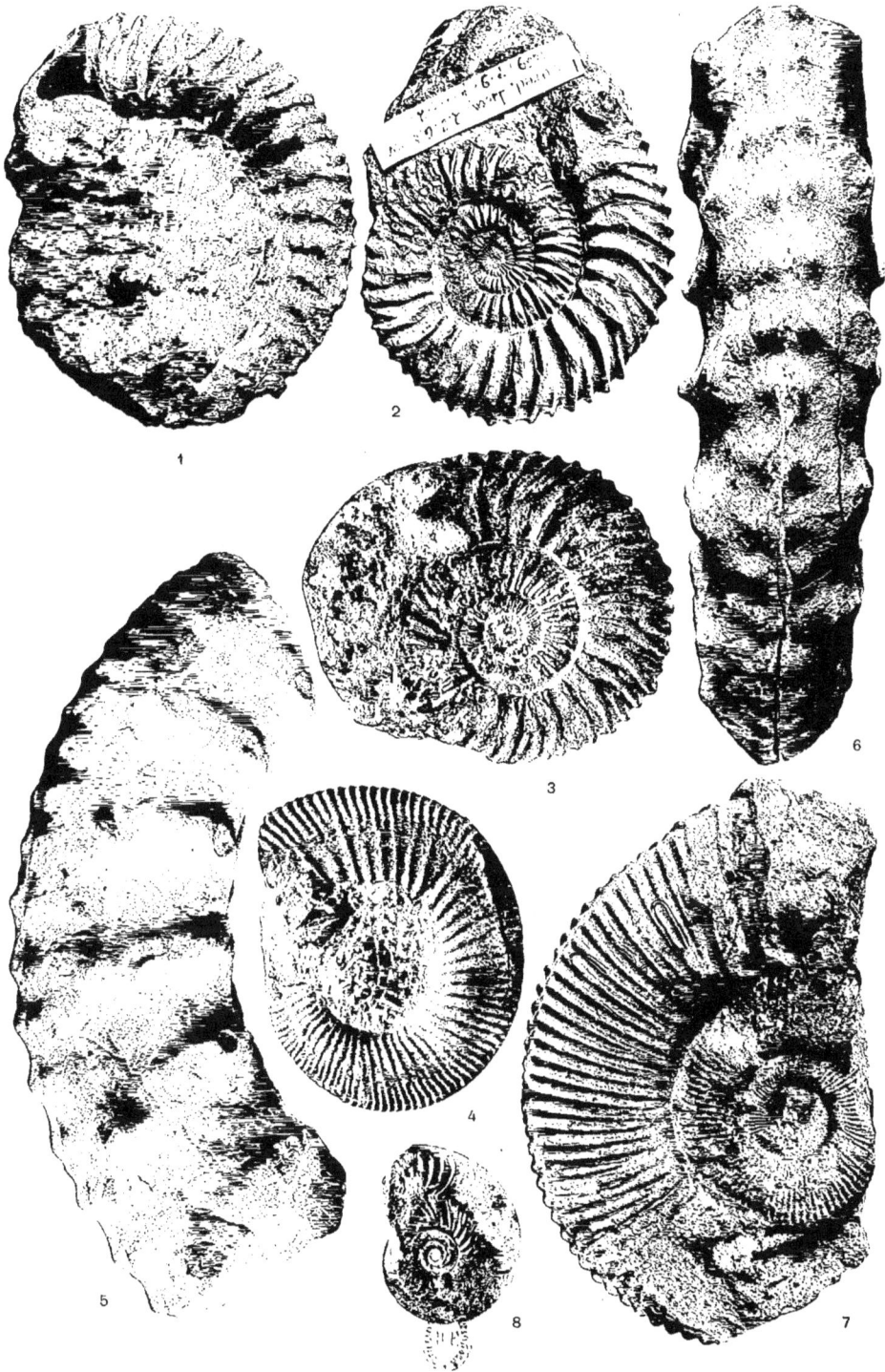

PLANCHE

IV

Explication de la Planche IV

P. PETITCLERC. — Fossiles nouveaux, rares ou peu connus
de l'Est de la France.

Pl IV

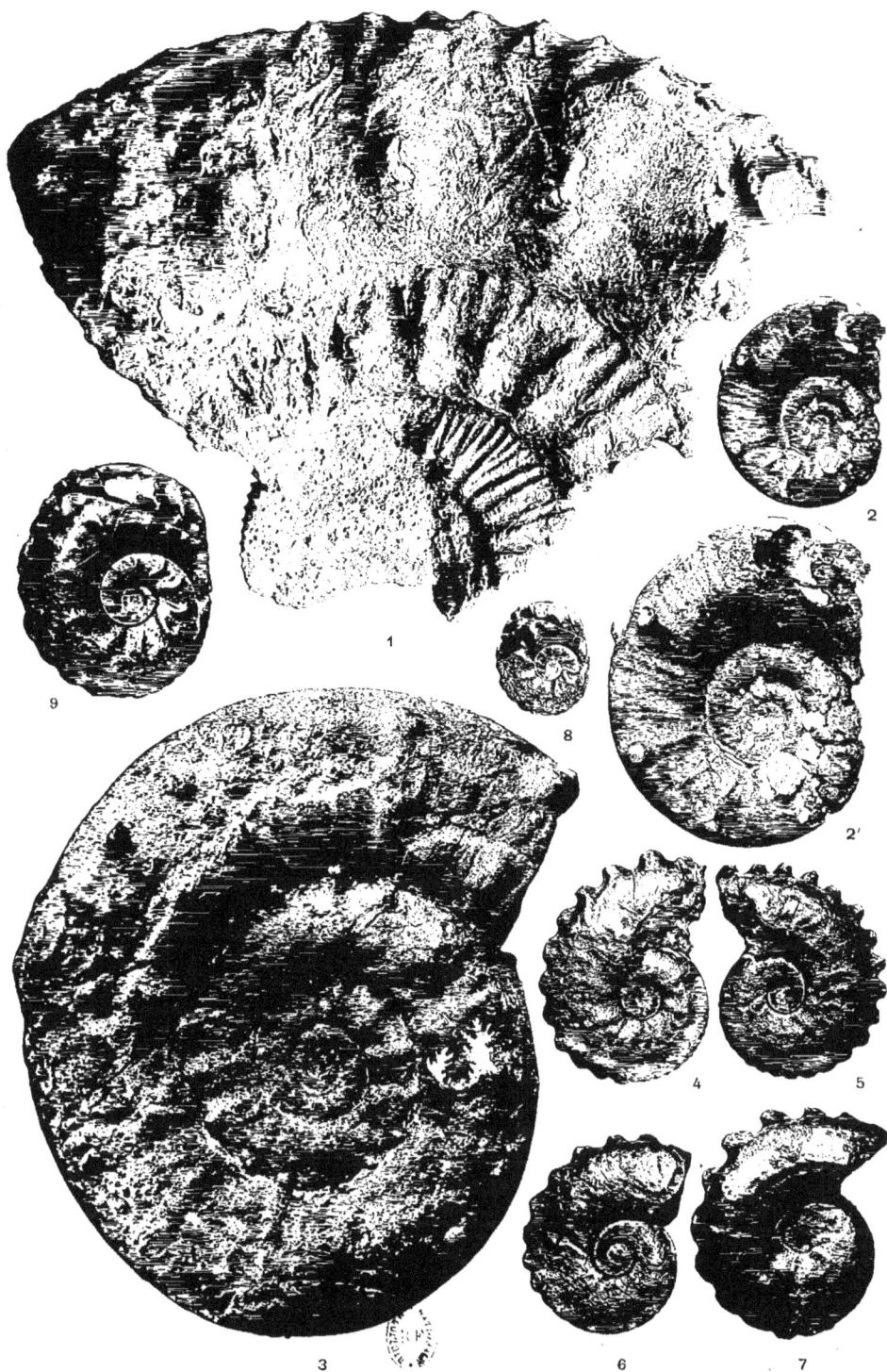

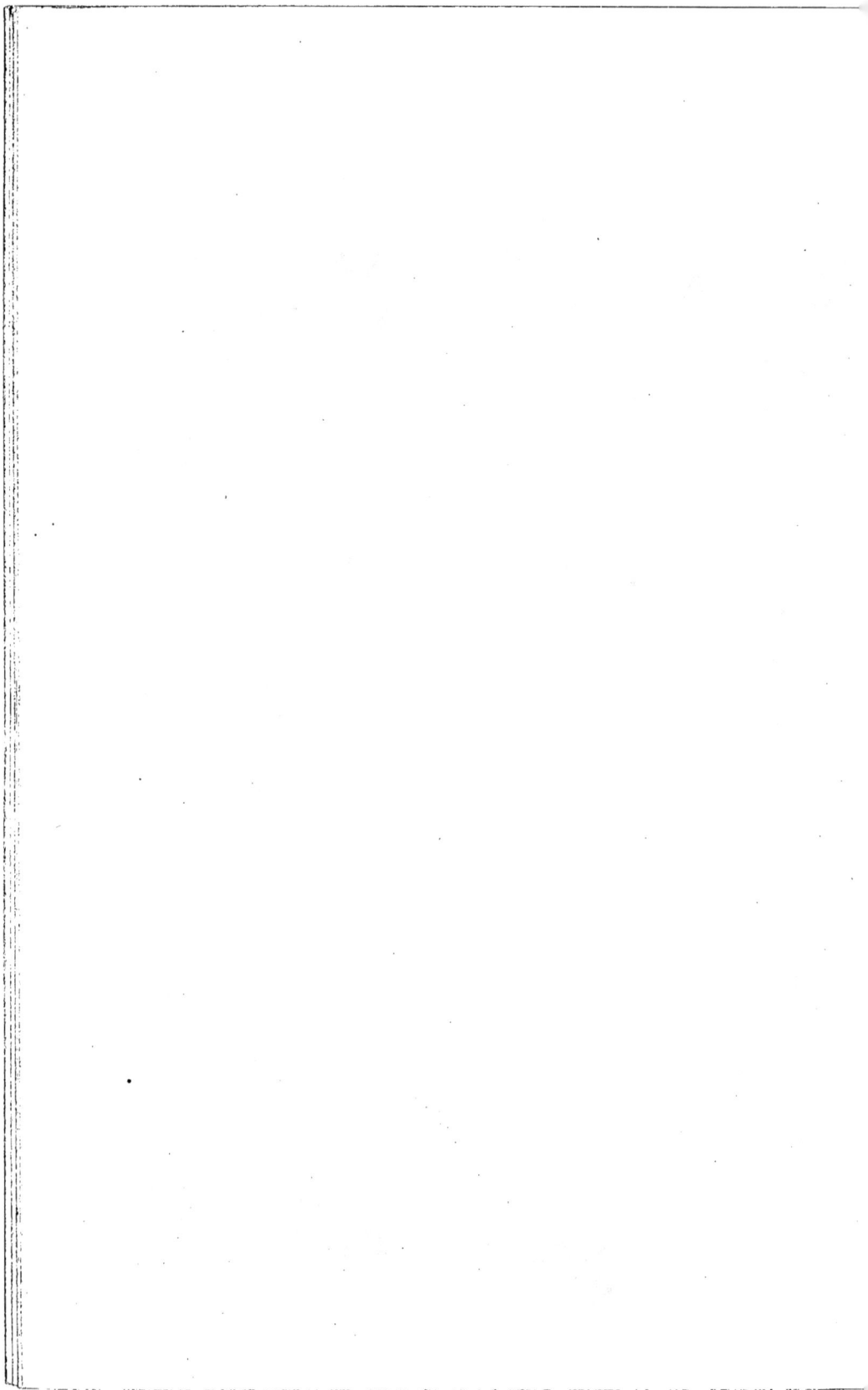

PLANCHE

V

Explication de la Planche V

P. PETITCLERC. — Fossiles nouveaux, rares ou peu connus
de l'Est de la France.

Pl. V

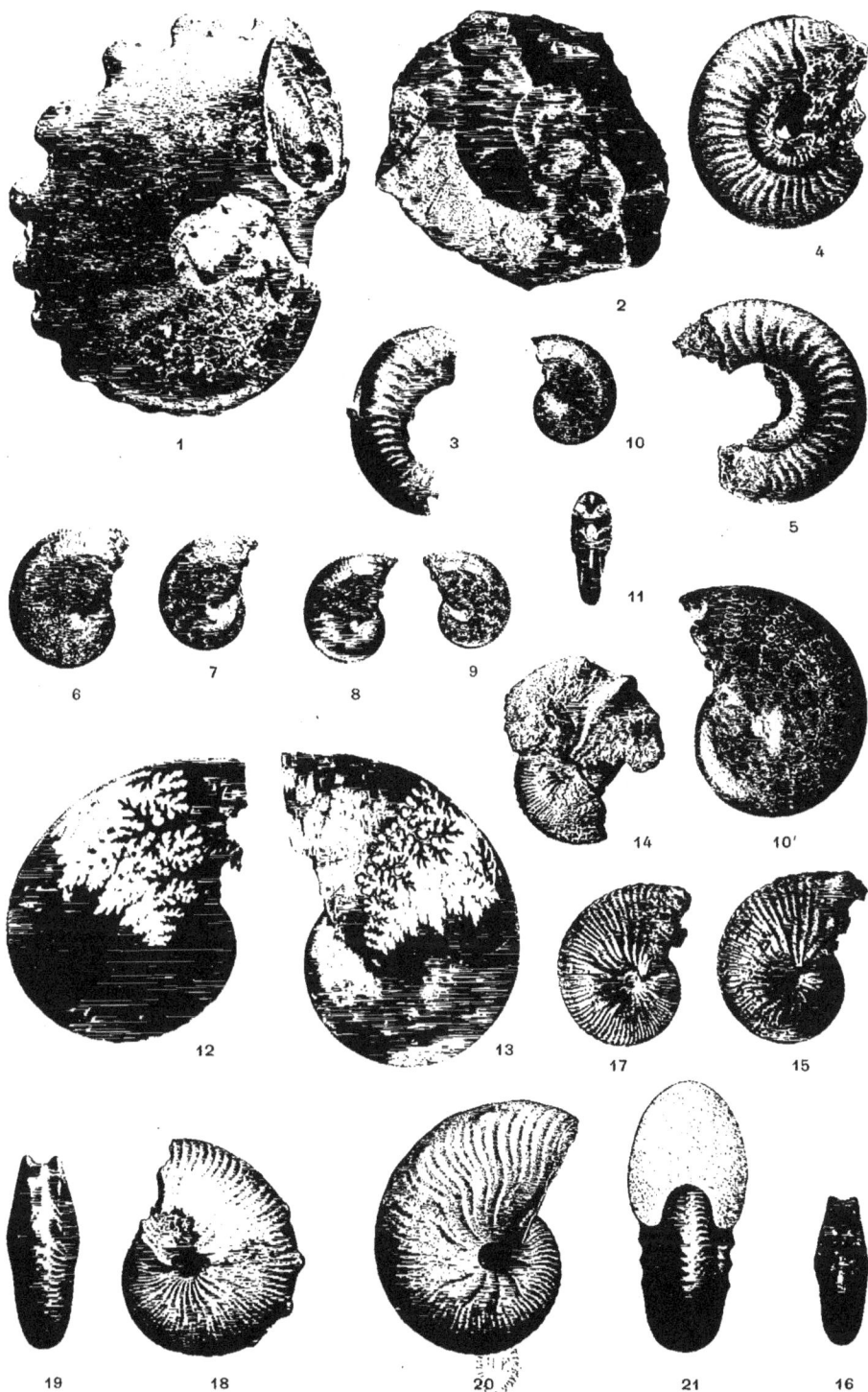

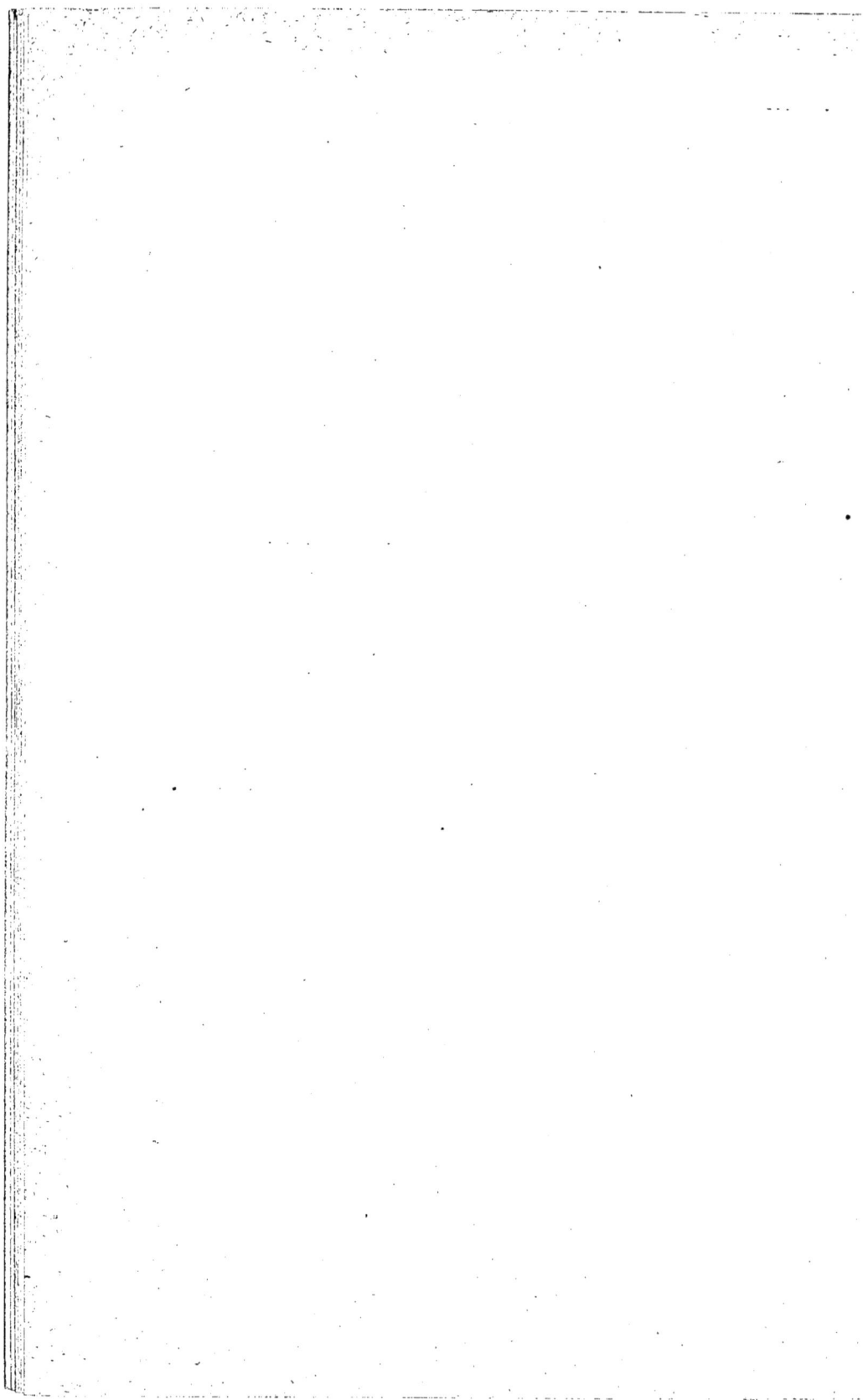

PLANCHE

VI

Explication de la Planche VI

P. PETITCLERC. — Fossiles nouveaux, rares ou peu connus
de l'Est de la France.

Pl. VI

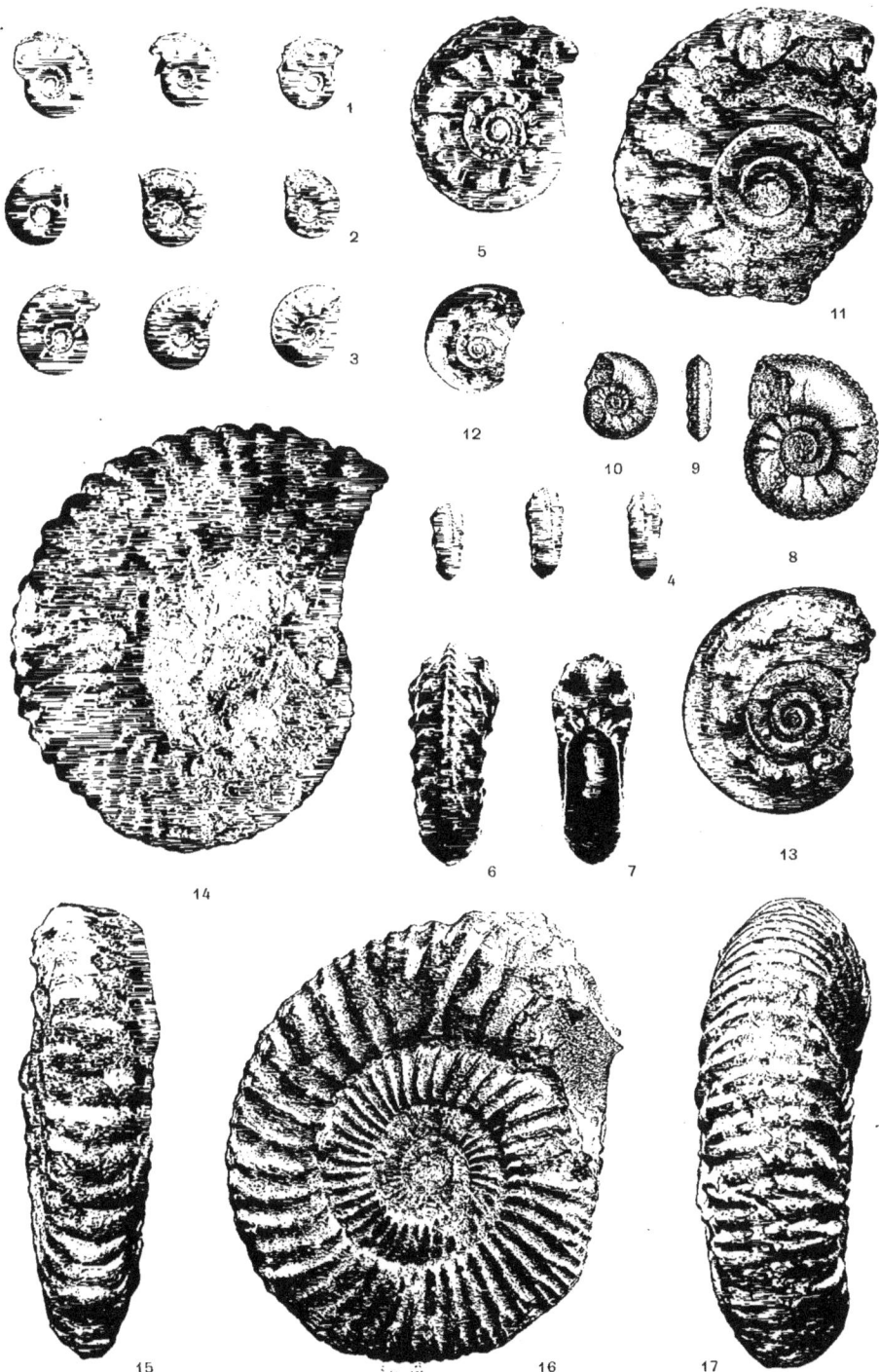

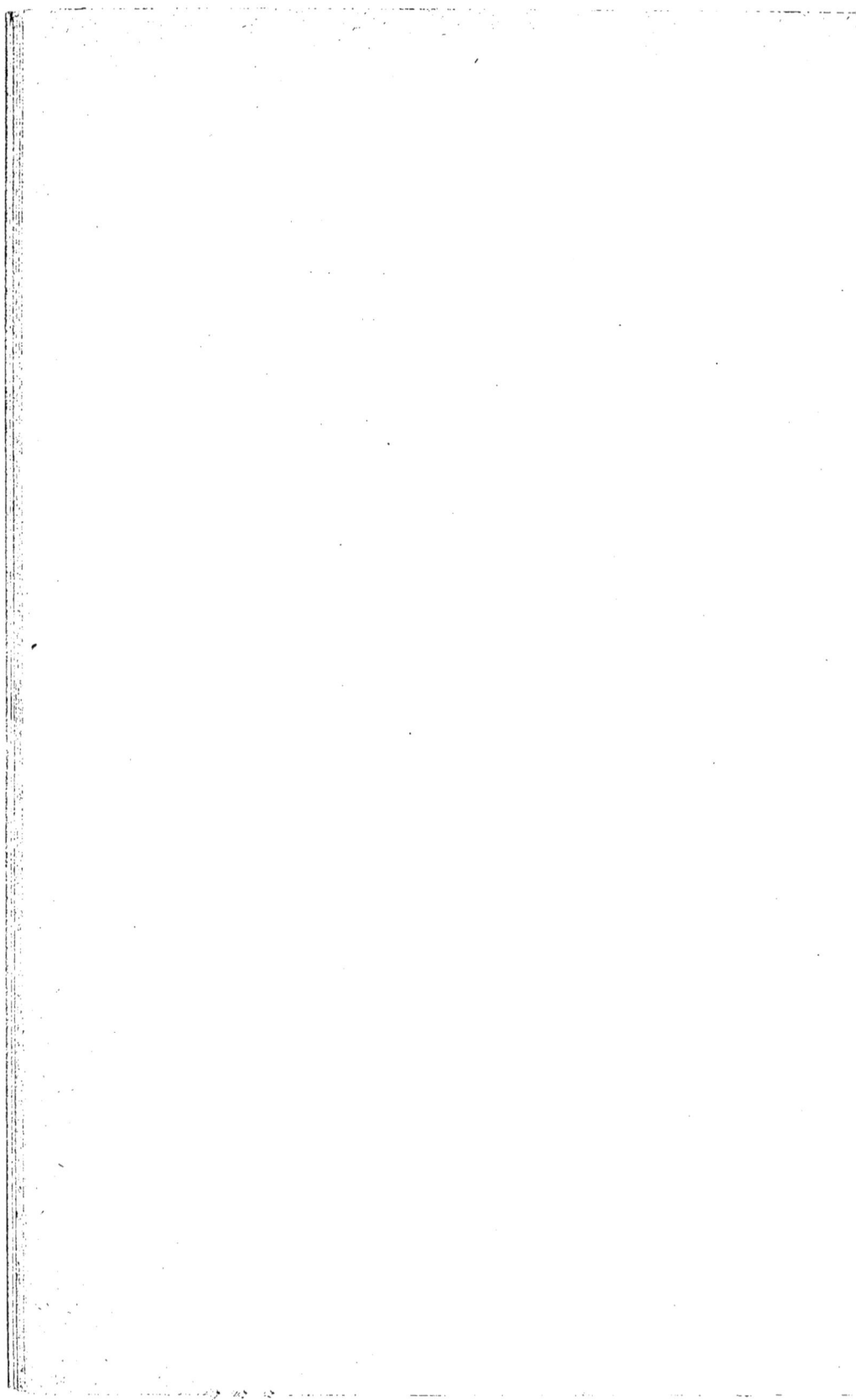

PLANCHE

VII

Explication de la Planche VII

P. PETITCLERC. – Fossiles nouveaux, rares ou peu connus
de l'Est de la France.

Pl. VII

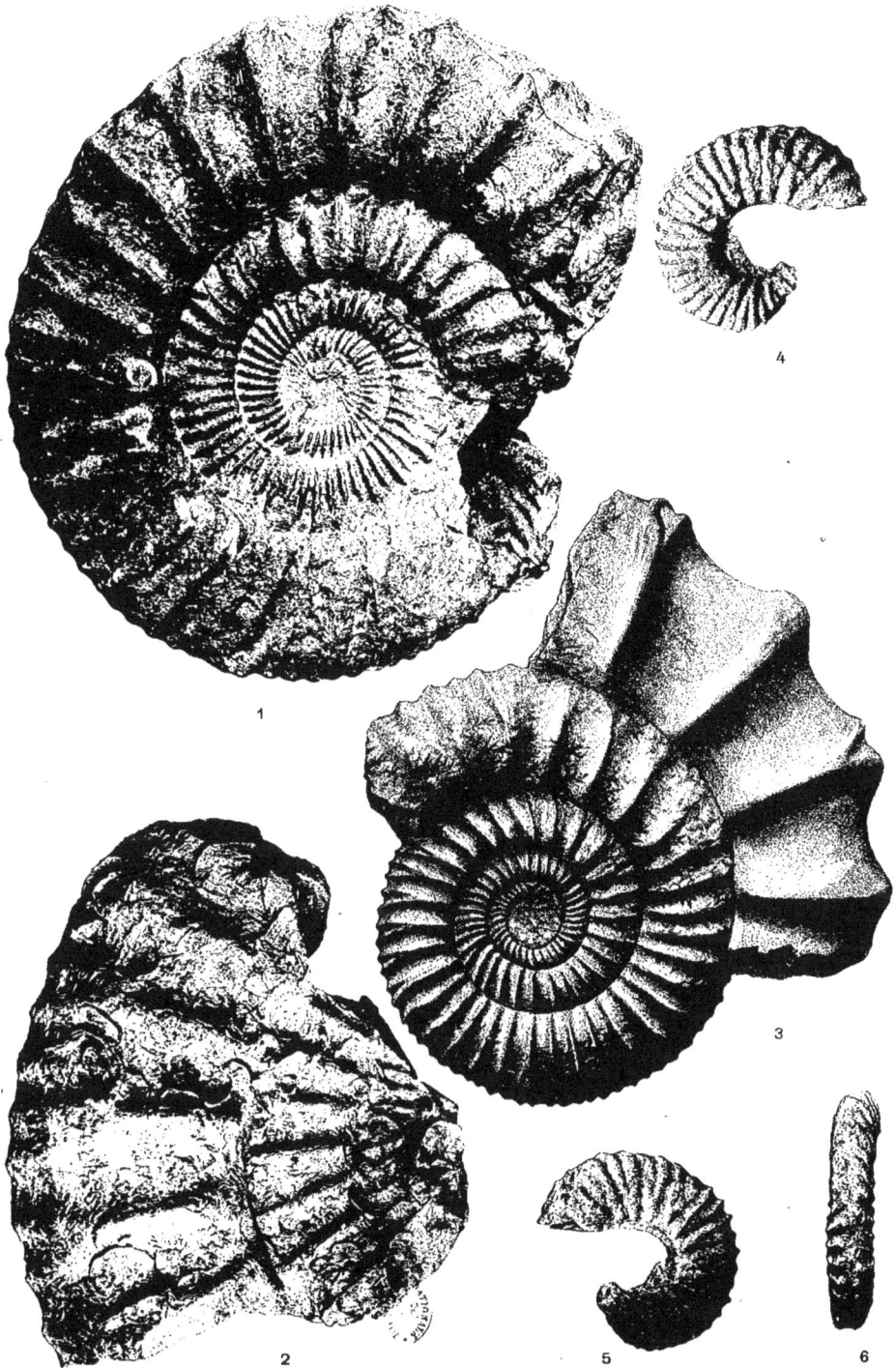

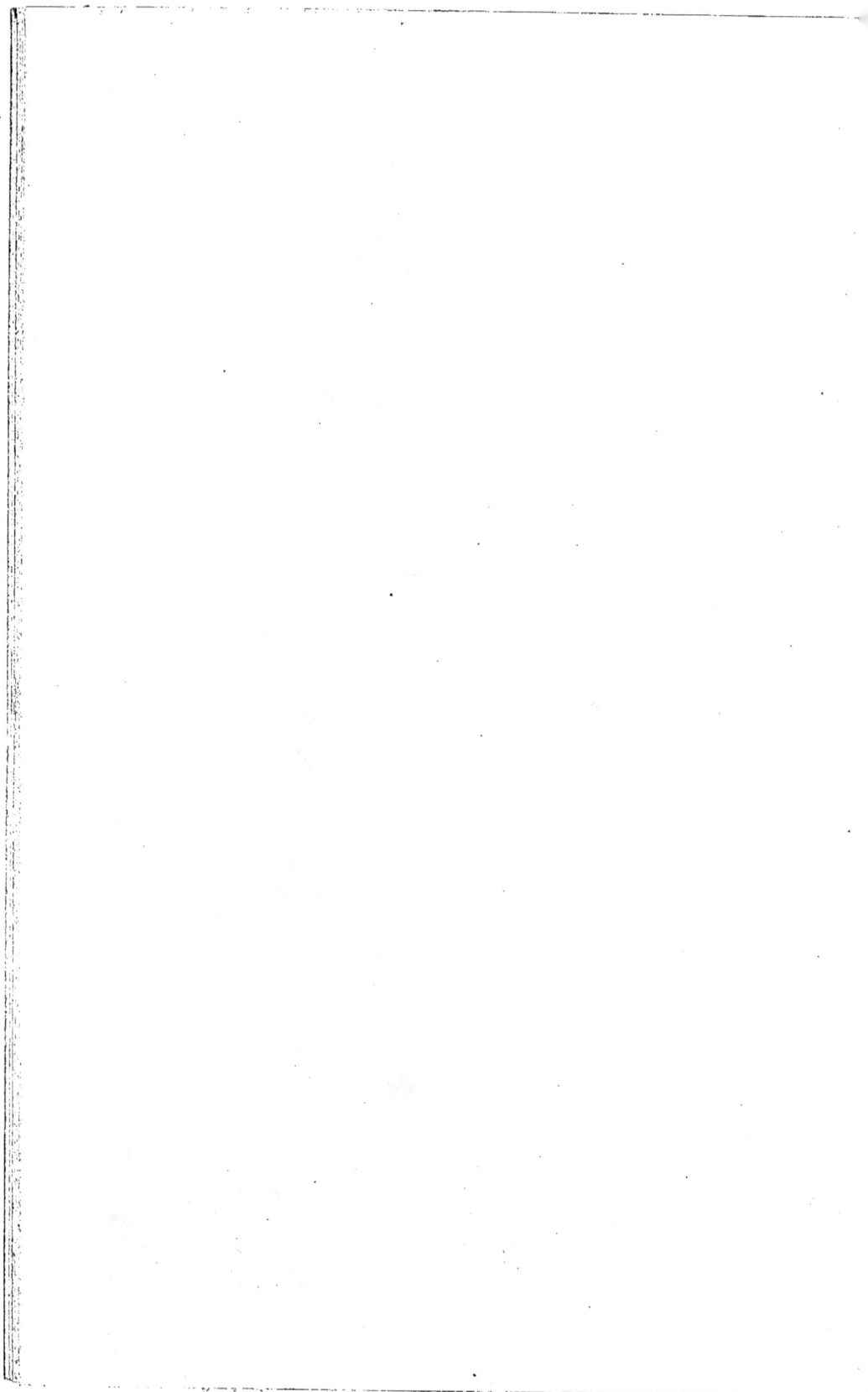

PLANCHE

VIII

Explication de la Planche VIII

P. PETITCLERC. — Fossiles nouveaux, rares ou peu connus, avec la Section des tours, etc., de quelques Espéces.

Pl. VIII

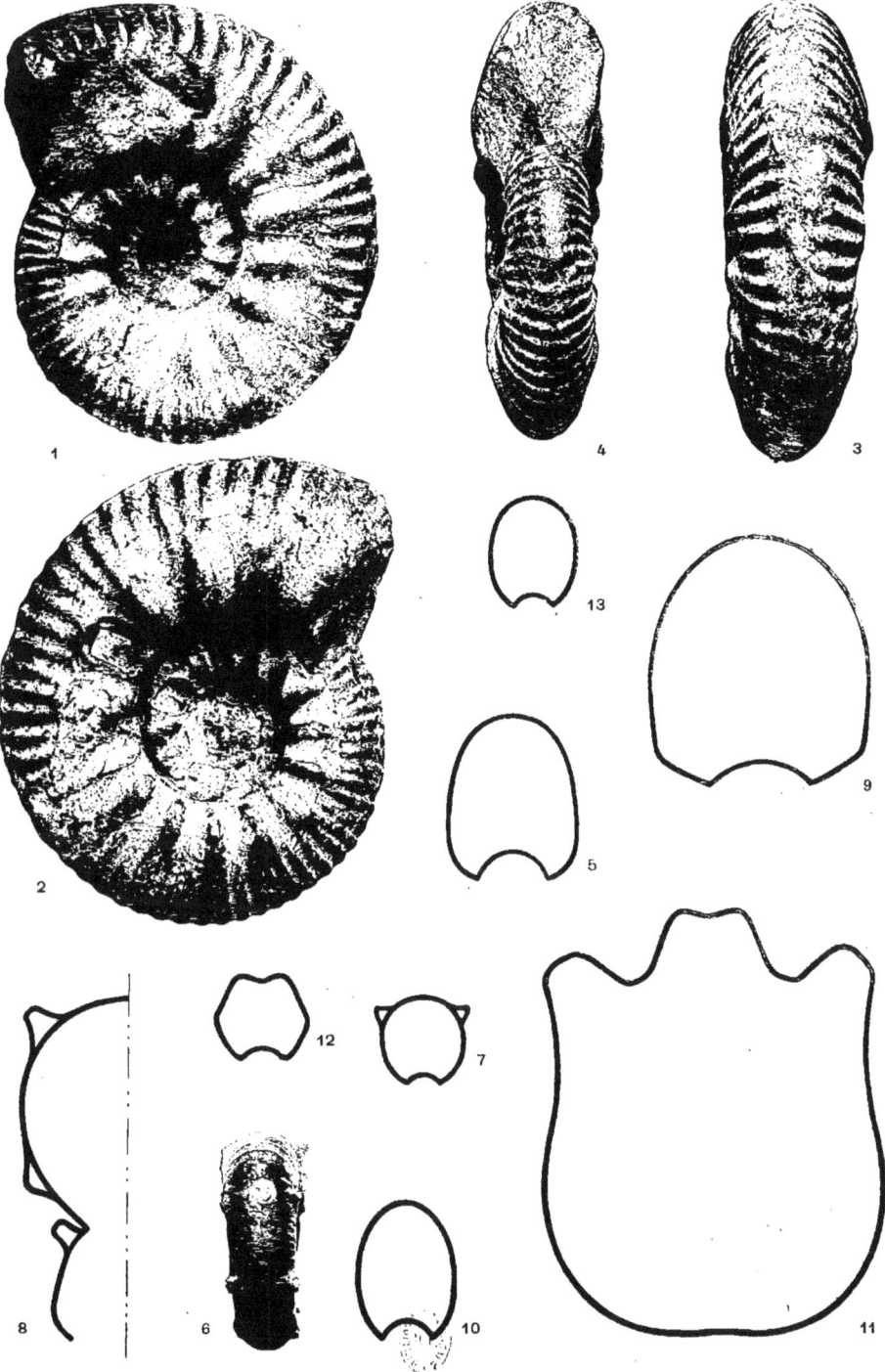

PLANCHE

IX

Explication de la Planche IX

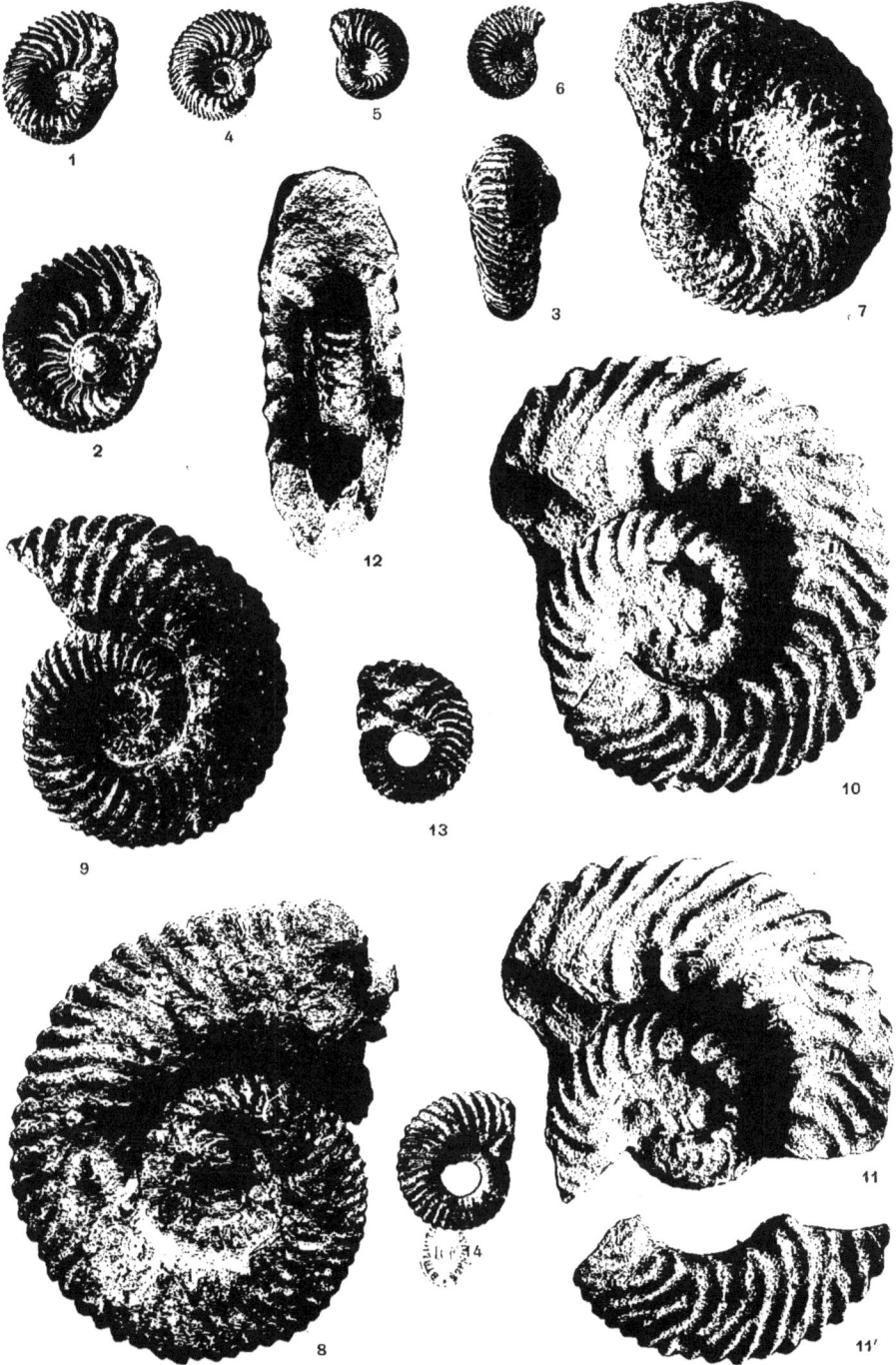

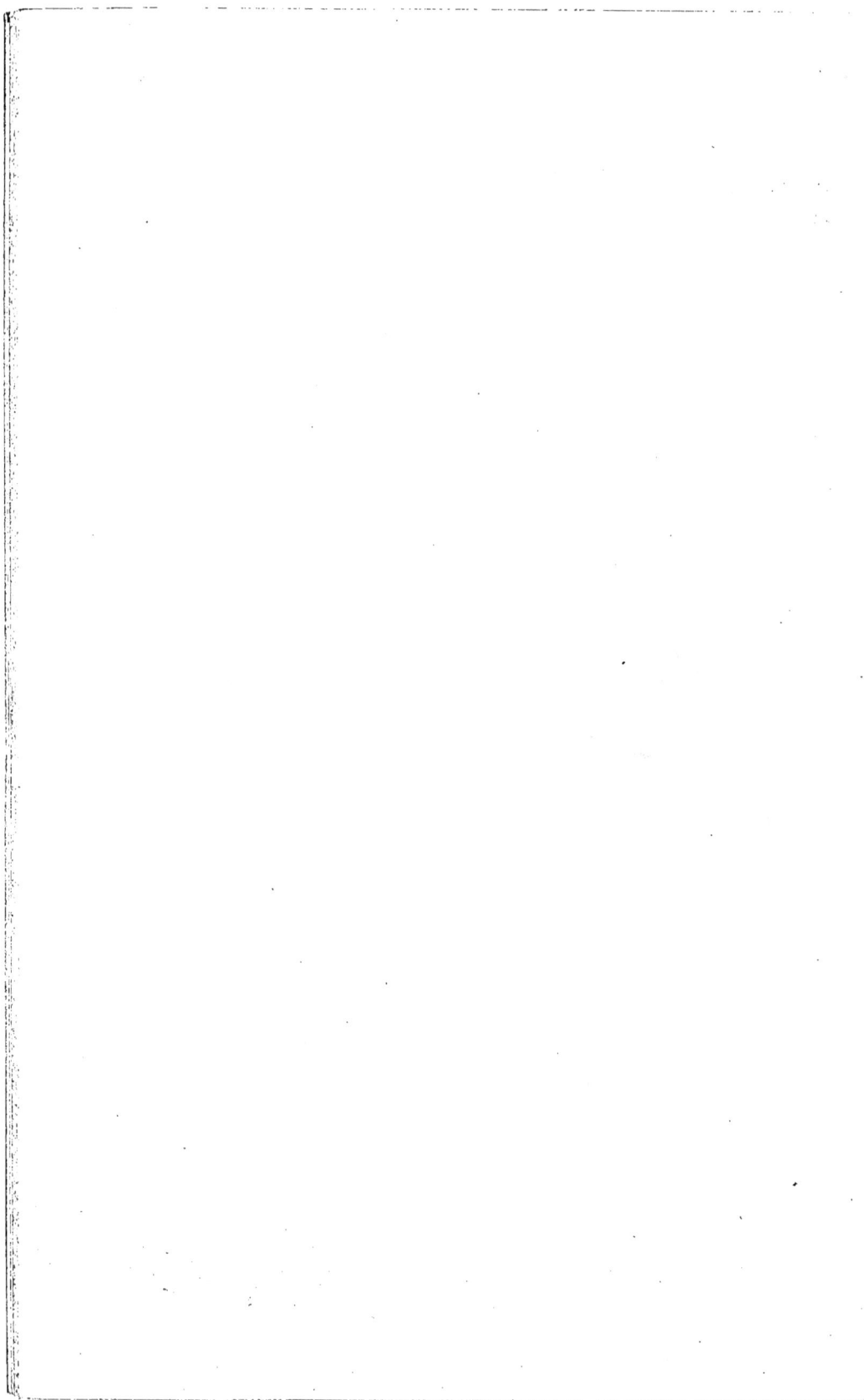

PLANCHE

X

Explication de la Planche X

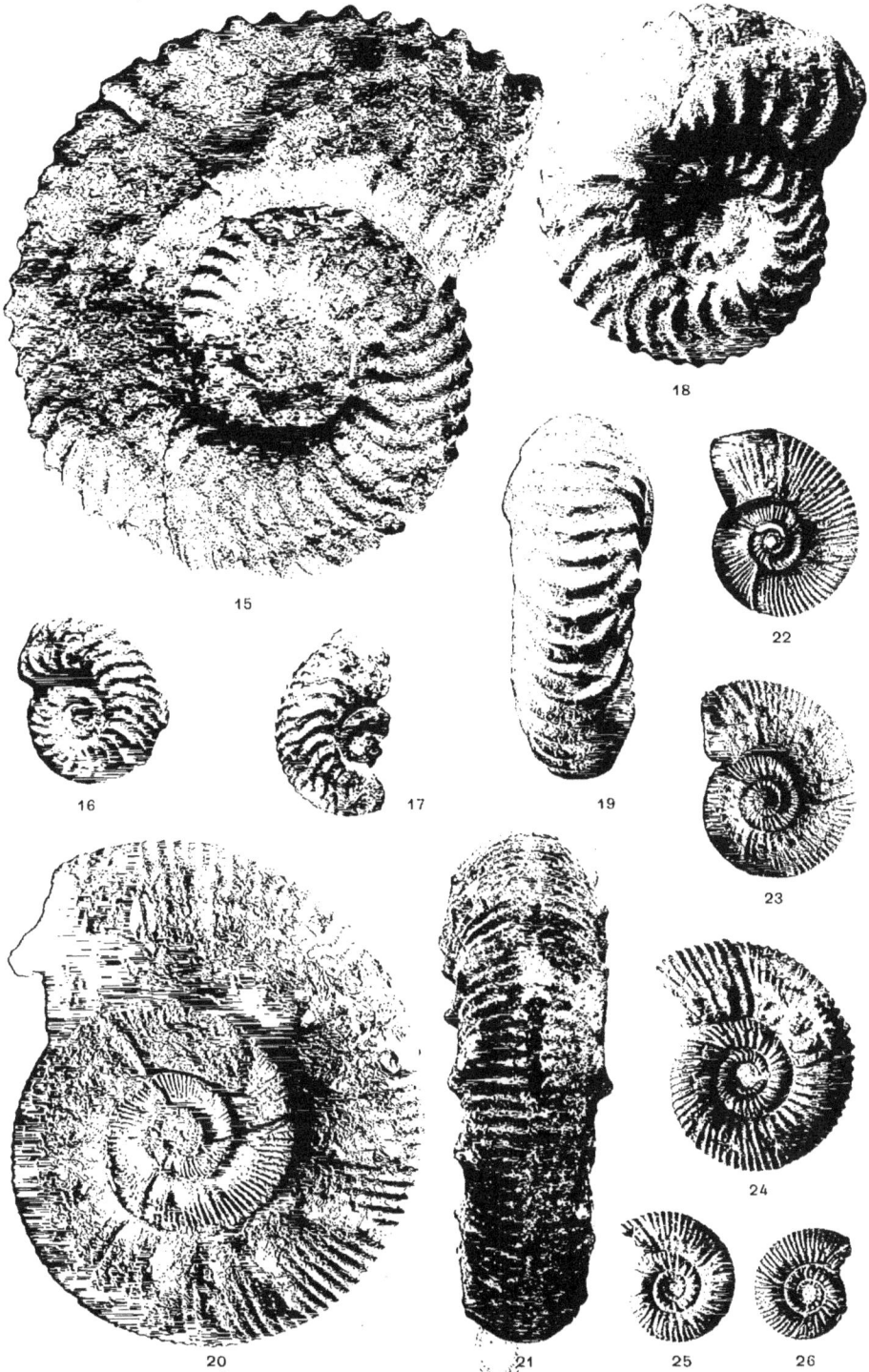

15

18

16

17

19

22

20

21

23

24

25

26

Clichés De Grossouvre et P. Petitclerc.

Phototypie Catala frères. Paris.

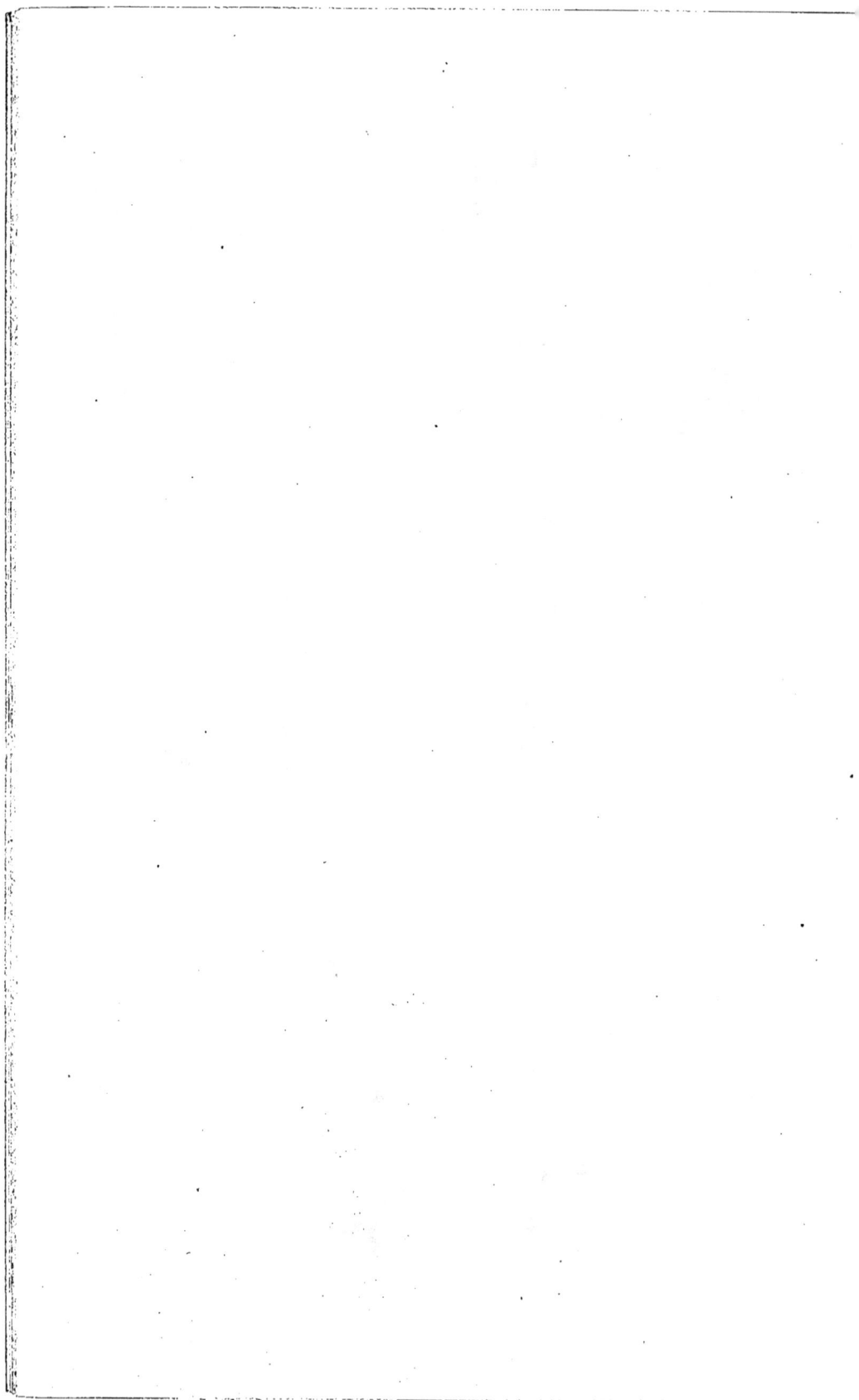

PLANCHE

XI

Explication de la Planche XI

[1] Le numérotage adopté pour les Pl. ix, x et xi (partie) (en ce qui concerne les Etudes de M. A. De Grossouvre sur les *Peltoceras* et *Reineckeia*) a dû être conservé (du n° 1 au n° 32) pour éviter des erreurs avec celui des Planches précédentes.

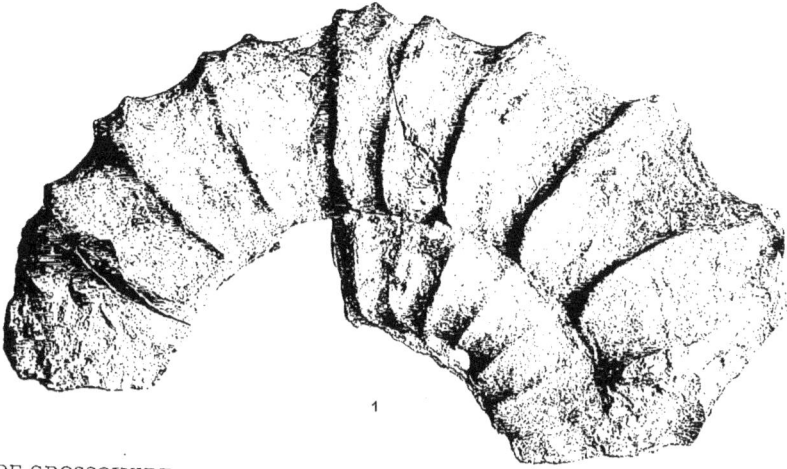

1

A. DE GROSSOUVRE. — Peltoceras (suite).

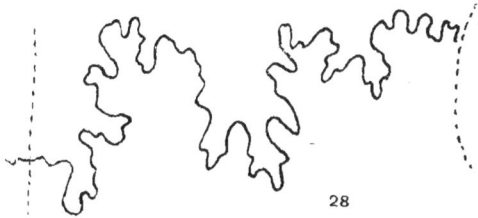

28

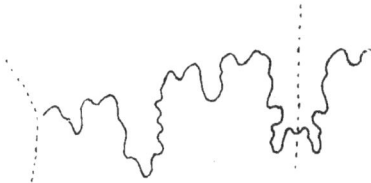

29

30

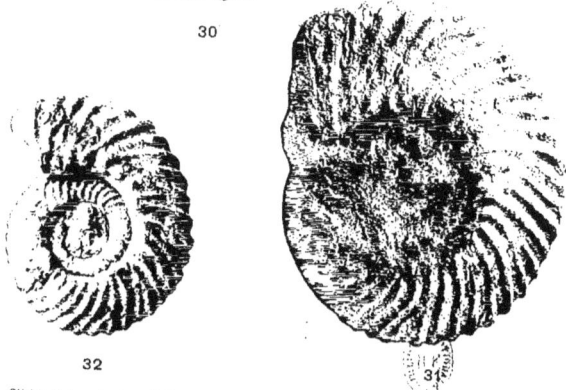

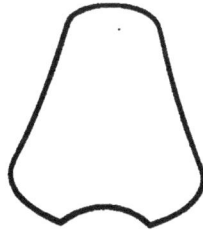

32

31

27

Clichés et reproductions P. Petitclerc.

Phototypie Catala frères, Paris.

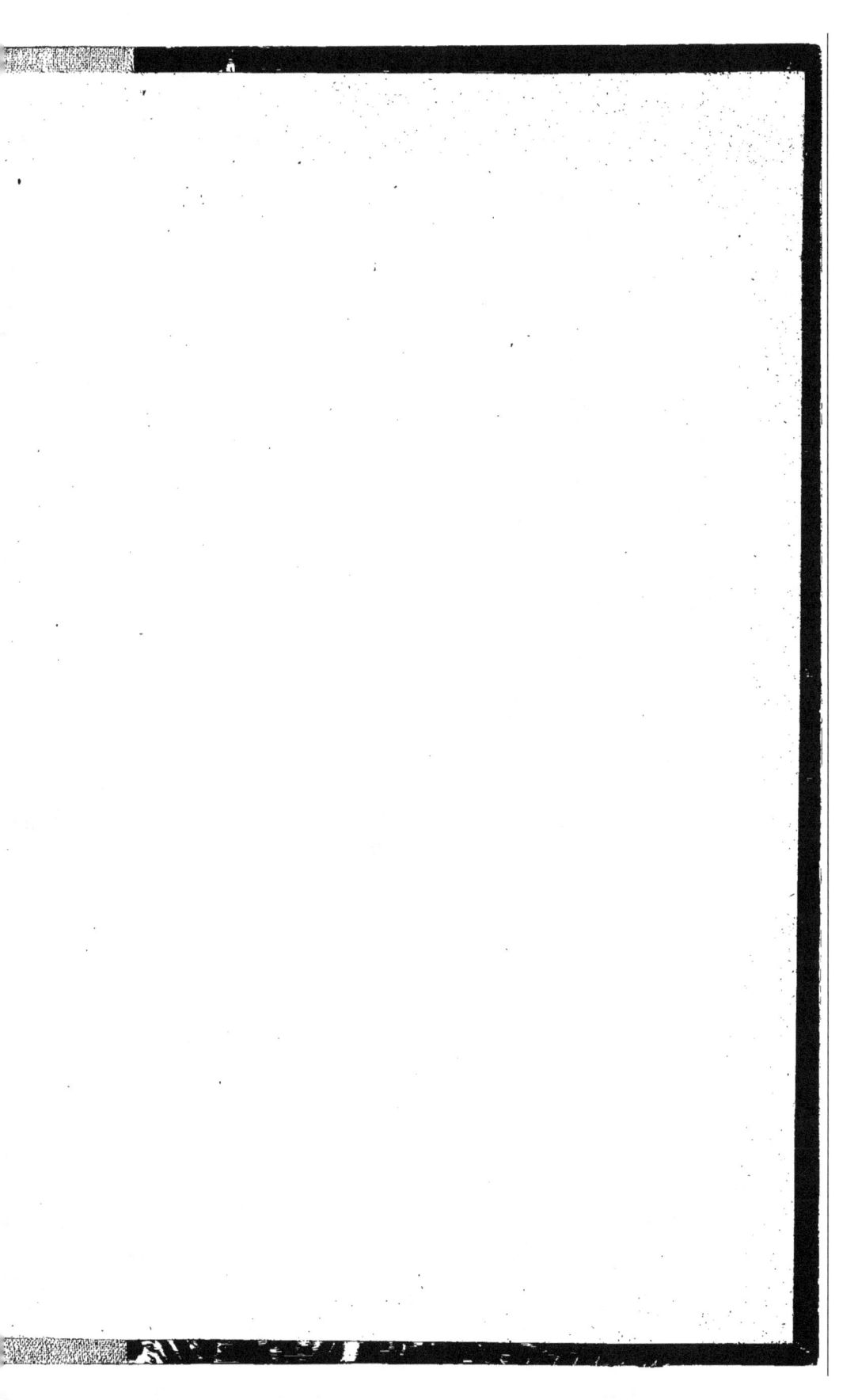

www.ingramcontent.com/pod-product-compliance
Lightning Source LLC
Chambersburg PA
CBHW071913200326
41519CB00016B/4597